普通高等院校新工科"人工智能+"系列教材

Python 语言程序设计教程

主　编　刘靖宇　王建勋
副主编　梁艳红　路　静　孔令妹　李　波

科学出版社

北　京

内 容 简 介

本书是学习 Python 语言程序设计的基础教程,较为系统地讲述了 Python 语言的基础知识、基本规则及编程方法。在此基础上,对面向对象的基本思想及面向对象的设计方法进行了讲解,也对 Python 生态环境进行了介绍。

本书注重实践,将计算思维融入案例教学中,注重计算思维、实践思维等教育理念与内容的结合,在内容讲解上采用循序渐进、由浅入深的方法,突出重点,注意将难点分开,使读者易学易懂。

本书可作为高等院校各专业计算机公共基础课的教材,也可作为以 Python 为基础的程序设计类课程的配套教材,还可作为广大软件开发人员和自学者的参考用书。

图书在版编目(CIP)数据

Python 语言程序设计教程/刘靖宇,王建勋主编. —北京:科学出版社,2023.8
(普通高等院校新工科"人工智能+"系列教材)
ISBN 978-7-03-075430-1

Ⅰ. ①P… Ⅱ. ①刘… ②…王 Ⅲ. ①软件工具-程序设计-高等学校-教材 Ⅳ. ①TP311.561

中国国家版本馆 CIP 数据核字(2023)第 073925 号

责任编辑:戴 薇 吴超莉 / 责任校对:马英菊
责任印制:吕春珉 / 封面设计:东方人华平面设计部

科 学 出 版 社 出版
北京东黄城根北街 16 号
邮政编码:100717
http://www.sciencep.com
三河市骏杰印刷有限公司印刷
科学出版社发行 各地新华书店经销
*
2023 年 8 月第 一 版 开本:787×1092 1/16
2024 年 8 月第三次印刷 印张:14
字数:331 000
定价:50.00 元
(如有印装质量问题,我社负责调换)
销售部电话 010-62136230 编辑部电话 010-62135763-2041

前 言

PREFACE

教育是国之大计、党之大计。培养什么人、怎样培养人、为谁培养人是教育的根本问题。育人的根本在于立德。本书全面贯彻党的教育方针，落实立德树人根本任务，坚持为党育人、为国育才的原则，全面提高人才培养质量，培养德智体美劳全面发展的社会主义建设者和接班人。新工科建设强化了大学生开设计算机基础课程的必要性，强化了计算机课程跨学科创新能力的培养。通过程序设计课程的学习，可以培养学生了解计算机编程的思想和方法，培养学生的计算思维，同时对激发学生的创新意识、培养自学能力、锻炼编程能力也能起到极为重要的作用。

"Life is short, you need Python."（人生苦短，要用 Python。）随着人工智能的迅速发展，Python 语言得到了广泛的应用，这句话被越来越多的人熟知。Python 语言的定位是优雅、明确、简单。Python 程序简单易懂，编程效率高，逐渐成为许多专业的首选教学编程语言。

Python 语言是一种高级编程语言，自从 Guido van Rossum（吉多·范罗苏姆）在 20 世纪 90 年代初创造了这门语言，学习并使用这门语言的人不断增加，最近几年尤其如此。Python 是一种面向对象、解释型、交互式的编程语言，它被广泛用于 Web 开发、数据科学、人工智能等领域。

本书主要面向初学者，旨在帮助读者快速入门 Python 编程，并深入了解 Python 的基本语法、数据类型、流程控制、函数、模块、文件操作、异常处理等核心概念，以及面向对象编程、正则表达式、Python 生态环境等进阶话题。本书包括大量的代码示例和练习题，读者可以通过阅读和实践来加深对 Python 编程的理解。

本书共分 10 章，涵盖了 Python 的基础知识、基本规则和编程方法，具体内容如下。

第 1 章对计算思维、程序设计基础、Python 编程环境进行概述；第 2 章主要介绍 Python 语言的基本要素，包括基本数据类型、常数变量基本运算、基本输入输出语句等；第 3 章介绍流程控制结构，即选择结构和循环结构；第 4 章介绍函数的创建和调用、变量作用域、lambda()函数和递归的概念等；第 5 章介绍 Python 中的组合数据类型，包括列表、元组、字典、集合等；第 6 章介绍面向对象的编程，包括类、对象、继承与多态等；第 7 章介绍字符串的高阶知识、正则表达式的概念；第 8 章介绍异常的处理、断言与上下文管理语句；第 9 章介绍文件的处理；第 10 章介绍 Python 生态环境，包括 Python 内置函数、标准库、第三方库。

参与本书编写的都是多年从事计算机基础教学的一线骨干教师，有着丰富的教学和项目开发经验。其中，第 1~3 章由刘靖宇编写，第 4 章由李波编写，第 5~7 章由王建勋编写，第 8 章由孔令姝编写，第 9 章由路静编写，第 10 章由梁艳红编写。全书的统稿工作由刘靖宇、王建勋完成。柴欣、石陆魁、武优西等对本书初稿进行了细致的校对，在此表示深深的谢意。

本书并不是 Python 编程的终极教材，Python 的学习之路永无止境，我们希望读者能够通过对本书的学习，掌握 Python 编程的基础知识，并不断深入学习，为今后的学习、工作和创新打下坚实的基础。

由于编者水平有限，书中难免存在疏漏和不足，恳请专家和读者不吝批评指正，以利于再版修订。

祝愿读者在 Python 的学习之路上越走越远，收获满满！

目 录

CONTENTS

第 1 章 计 算 思 维

随着信息化的全面深入，计算思维已经成为人们认识和解决问题的基本能力之一。在当今信息化社会中，计算思维已经不仅仅是计算机专业人员应该具备的能力，它也是所有受教育者应该具备的能力，它蕴含着一整套解决一般问题的方法与技术。

本章首先介绍计算思维的概念、内涵和构成要素，使读者对计算思维有一个初步的认识，然后介绍程序设计方法、算法的概念和程序设计语言的发展历史，最后介绍 Python 语言的发展、现状及开发环境，为后续章节的学习打下基础。

1.1 〉计算思维概述

1.1.1 计算思维的提出

计算思维不是今天才有的，从我国古代的算筹、算盘，到近代的加法器、计算器及现代的电子计算机，直至目前风靡全球的互联网和云计算，无不体现着计算思维的思想。可以说，计算思维是一种早已存在的思维活动，是每一个人都具有的一种能力，它推动着人类科技的进步。然而，在相当长的一段时期，计算思维并没有得到系统的整理和总结，也没有得到应有的重视。

"计算思维"一词作为概念最早见于 20 世纪 80 年代美国的一些相关杂志上，我国学者在 20 世纪末也开始了对计算思维的关注，当时主要的计算机科学专业领域的专家学者对此进行了讨论，认为计算思维是思维过程或功能的计算模拟方法论，对计算思维的研究能够帮助达到人工智能的较高目标。

可见，"计算思维"这个概念在 20 世纪末和 21 世纪初就出现在领域专家、教育学者等的讨论中了，但是当时并没有对这个概念进行充分的界定。直到 2006 年，周以真（Jeannette M. Wing）教授发表在 *Communications of the ACM* 期刊上的 "Computational Thinking" 一文，对计算思维进行了详细的阐述和分析，这一概念才获得国内外学者、教育机构、业界甚至政府层面的广泛关注，成为进入 21 世纪以来计算机及相关领域的讨论热点和重要研究课题之一。2010 年 10 月，中国科学技术大学陈国良院士在"第六届大学计算机课程报告论坛"中倡议将计算思维引入大学计算机基础教学，计算思维也得到了国内计算机基础教育界的广泛重视。

学者、教育者和实践者们关于计算思维的本质、定义和应用的大量讨论推动了计算思维在社会上的普及和发展。所有的讨论和研究大致分为两个方向：其一，将"计算思维"作为计算机及其相关领域中的一个专业概念，对其原理内涵等方面进行探究，称为理论研究；其二，将"计算思维"作为教育培训中的一个概念，研究其在大众教育中的意义、地位、培养方式等，称为应用研究。理论研究对应用研究起到指导和支撑的作用，应用研究是理论研究的成果转化，并丰富其体系，两者相辅相成，形成对计算思维的完整阐述。

1.1.2 科学方法与科学思维

科学界一般认为，科学方法分为理论科学、实验科学和计算科学三大类，它们被称为推动人类文明进步和科技发展的三大科学，是当今社会支持科学探索的三种重要途径。

从人类认识世界和改造世界的思维方式出发，科学思维可分为理论思维（theoretical thinking）、实验思维（experimental thinking）和计算思维（computational thinking）。

三大科学方法对应 3 种思维形式，即理论科学对应理论思维，实验科学对应实验思维，计算科学对应计算思维。理论思维以数学为基础，以推理和演绎为特征，又称逻辑思维；实验思维以物理等学科为基础，以观察和总结自然规律为特征，又称实证思维；计算思维以计算机科学为基础，以设计和构造为特征，又称构造思维。三大科学思维构成了科技创新的三大支柱，如图 1-1 所示。作为科学思维三大支柱之一，计算思维是指从具体的算法设计规范入手，通过算法过程的构造与实施来解决给定问题的一种思维方法。它以设计和构造为特征，以计算机学科为代表。计算思维就是思维过程或功能的计算模拟方法，其研究的目的是提供适当的方法，使人们能借助现代和将来的计算机，逐步实现人工智能的较高目标。

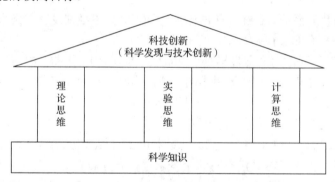

图 1-1　科技创新的三大支柱

1.1.3 计算思维的内容

1. 计算思维的概念性定义

计算思维的概念性定义主要来源于计算科学这样的专业领域，从计算科学出发，与思维或哲学学科交叉形成思维科学的新内容。计算思维的概念性定义主要包含以下两个方面。

（1）计算思维的内涵

2006 年 3 月，美国卡内基梅隆大学计算机科学系主任周以真教授给出了计算思维的定义：计算思维是指运用计算机科学的基础概念进行问题求解、系统设计，以及人类行为理解等涵盖计算机科学之广度的一系列思维活动。计算思维建立在计算过程的能力和限制之上,由人或机器执行。计算思维的本质是抽象(abstraction)和自动化(automation)。

计算思维中的抽象完全超越物理的时空观,并完全用符号来表示,与数学和物理科学相比,计算思维中的抽象显得更为丰富,也更为复杂。在计算思维中,所谓抽象,就是要求能够对问题进行抽象表示、形式化表达(这些是计算机的本质),设计问题求解过程达到精确、可行,并通过程序(软件)作为方法和手段对求解过程予以"精确"地实现,也就是说,抽象的最终结果是能够机械地一步步自动执行。

(2)计算思维的要素

计算思维补充并结合了数学思维和工程思维,计算思维的重点是抽象的过程。高等学校教学指导委员会提出的计算思维表达体系包括计算、抽象、自动化、设计、通信、协作、记忆和评估8个核心概念。国际教育技术协会(International Society for Technology in Education,ISTE)和美国国家计算机科学教师协会(Computer Science Teachers Association,CSTA)研究中提出的思维要素则包括数据收集、数据分析、数据展示、问题分解、抽象、算法与程序、自动化、仿真、并行。CSTA的报告中提出了模拟和建模的概念。美国离散数学与理论计算研究中心提出的计算思维中包含了计算效率提高、选择适当的方法来表示数据、做估值、使用抽象、分解、测量和建模等因素。

以上各方从不同的角度进行的分析归纳,有利于对计算思维要素的后续研究。提炼计算思维要素进一步展现了计算思维的内涵,其意义如下。

1)计算思维要素相较于内涵而言更易于理解,能够使人将其与自己的生活、学习经验产生有效连接。

2)计算思维要素的提出是计算思维的理论研究向应用研究转化的桥梁,使计算思维的显性教学培养成为可能。

2. 计算思维的操作性定义

计算思维的操作性定义来源于应用研究,主要讨论计算思维在跨学科领域中的具体表现、如何应用及如何培养等问题。与概念性定义的学科专业特点不同,操作性定义注重的是如何将理论研究的成果进行实践推广、跨学科迁移,以产生实际的作用,使之更容易被大众理解、接受和掌握。当前国内广大师生对计算思维研究最为关注的方面,不是计算思维的系统理论,而是如何将计算思维培养落地、在各领域中如何产生作用。通过总结分析各家之言可知,计算思维的操作性定义主要包括以下几个方面。

(1)计算思维是问题解决的过程

"计算思维是问题解决的过程"这一认识是对计算思维被人所掌握之后,在行动或思维过程中表现出来的形式化的描述,这一过程不仅体现在编程过程中,还体现在更广泛的情境中。周以真教授认为计算思维是制定一个问题及其解决方案,并使之能够通过计算机(人或机器)有效地执行的思考过程。ISTE和CSTA通过分析700多名计算科学教育工作者、研究人员和计算机领域的实践者的调研结果,于2011年联合发布了计算思维的操作性定义,认为计算思维作为问题解决的过程,应包括(不限于)以下步骤。

1)界定问题,该问题应能运用计算机及其他工具解决。

2）要符合逻辑地组织和分析数据。

3）通过抽象（如模型、仿真等方式）再现数据。

4）通过算法思想（一系列有序的步骤）形成自动化解决方案。

5）识别、分析和实施可能的解决方案，从而找到能有效结合过程和资源的最优方案。

6）将该问题的求解过程进行推广并移植到广泛的问题中。

由此可见，作为问题解决的过程，计算思维先于计算技术早已被人们所掌握。在新的信息时代，计算思维能力的展示遵循最基本的问题解决过程，而这一过程需要被人类的新工具（即计算机）所理解并能有效执行。因此，计算思维决定了人类能否更加有效地利用计算机拓展能力，这是信息时代重要的思维形式之一。

（2）计算思维要素的具体体现

计算思维作为问题解决的过程不仅需要利用数据和大量计算科学的概念，还需要调度和整合各种有效思维要素。思维要素作为理论研究和应用研究的桥梁，提炼于理论研究，服务于应用研究，抽象的计算思维概念只有分解成具体的思维要素才能有效地指导应用研究与实践。

（3）计算思维体现出的素质

素质是指人与生俱来的及通过后天培养、塑造、锻炼而获得的身体上和人格上的性质特点，是对人的品质、态度、习惯等方面的综合概括。具备计算思维的人在面对问题时，除了使用计算思维能力加以解决，在解决的过程中还表现出一定的素质，如：①处理复杂情况的自信；②处理难题的毅力；③对模糊/不确定的容忍；④处理开放性问题的能力；⑤与其他人一起努力达成共同目标的能力。

具备计算思维能力，能够改变或使学习者养成某些特定的素质，从而影响学习者在实际生活中的表现。这些素质实际上描绘了一个高度发达的信息社会中合格公民的形象，使普通人对计算思维有了更加深入和形象的理解。

以上 3 个方面共同构成了计算思维的操作性定义。操作性定义明确了计算思维这个抽象概念在实际活动中现实而具体的体现（包括能力和品质），使这一概念可观测、可评价，从而直接为教育培养过程提供有效的参考。

3. 计算思维的完整定义

计算思维的理论研究与应用研究密切相关、相辅相成，共同构成了对计算思维的完整研究。一方面，应用研究需要一定的理论来指导，以使其研究能沿着正确的方向进行；另一方面，在应用研究中也要对所研究的问题进行理论分析，以使其建立在可靠的和具有普遍意义的基础上。计算思维的概念性定义根植于计算科学学科领域，同时与思维科学、哲学交叉，从计算科学出发形成对计算思维的理解和认识，适用于指导对计算思维本身进行的理论研究。计算思维的操作性定义适用于对计算思维能力的培养及计算思维的应用研究，计算思维的应用和培养是以实际问题为前提的，在实际理解和解决问题的过程中体会、发展和养成计算思维能力。因此计算思维的概念性定义和操作性定义彼此支撑和互补，共同构成计算思维的完整定义。计算思维的完整定义指导了计算思维在计算科学学科领域及跨学科领域中的研究、发展和实践。

随着信息技术的发展，人类从农业社会、工业社会步入了信息社会，这不仅意味着经济、文化的发展，同时人类的思维形式也发生了巨大的变化。除"计算思维"概念外，人们还提出了"网络思维"、"互联网思维"、"移动互联网思维"、"数据思维"、"大数据思维"等新的思维形式概念。如果将概念性定义和操作性定义组成的计算思维称为狭义的计算思维，则由信息技术带来的更广泛的新的思维形式可被称为广义的计算思维或信息思维。当代大学生除需要具备计算机基础知识和基本操作能力外，还应该以这些知识能力为载体，在广义和狭义的计算思维能力上进行发展。

计算思维作为抽象的思维能力，不能被直接观察到，计算思维能力融合在解决问题的过程中，其具体的表现形式有如下两种。

1）运用或模拟计算机科学与技术（信息科学与技术）的基本概念、设计原理，模仿计算机专家（科学家、工程师）处理问题的思维方式，将实际问题转化（抽象）为计算机能够处理的形式（模型）进行问题求解的思维活动。

2）运用或模拟计算机科学与技术（信息科学与技术）的基本概念、设计原理，模仿计算机（系统、网络）的运行模式或工作方式，进行问题求解、创新创意的思维活动。

4. 计算思维的方法与特征

计算思维方法是在吸取了问题解决所采用的一般数学思维方法，现实世界中巨大复杂系统的设计与评估的一般工程思维方法，以及复杂性、智能、心理、人类行为的理解等的一般科学思维方法的基础上形成的。周以真教授将其归纳为如下 7 类方法。

1）计算思维是通过约简、嵌入、转化和仿真等方法，把一个看起来困难的问题重新阐释成一个我们知道问题怎样解决的思维方法。

2）计算思维是一种递归思维，是一种并行处理（可以把代码译成数据，又能把数据译成代码），是一种多维分析推广的类型检查方法。

3）计算思维是一种采用抽象和分解来控制庞杂的任务或进行巨大复杂系统设计的方法，是基于关注点分离（separation of concerns，SoC）的方法。

4）计算思维是一种选择合适的方式去陈述一个问题，或对一个问题的相关方面建模使其易于处理的思维方法。

5）计算思维是按照预防、保护及通过冗余、容错、纠错的方式，并从最坏情况进行系统恢复的一种思维方法。

6）计算思维是利用启发式推理寻求解答，即在不确定情况下的规划、学习和调度的思维方法。

7）计算思维是利用海量数据来加快计算，在时间和空间之间、在处理能力和存储容量之间进行折中的思维方法。

周以真教授以计算思维是什么和不是什么的描述形式对计算思维的特征进行了总结，如表 1-1 所示。

表 1-1　计算思维的特征

序号	计算思维是什么	计算思维不是什么
1	是概念化	不是程序化
2	是根本的	不是刻板的技能
3	是人的思维	不是计算机的思维
4	是思想	不是人造物
5	是数学与工程思维的互补与融合	不是空穴来风
6	面向所有的人、所有的地方	不局限于计算学科

1.1.4　计算思维能力的培养

1. 社会的发展要求培养计算思维能力

随着信息化的全面深入，计算机在生活中的应用已经无所不在并且无可替代，而计算思维的提出和发展帮助人们正视人类社会这一深刻的变化，并引导人们通过借助计算机的力量来进一步提高解决问题的能力。在当今社会，计算思维成为人们认识和解决问题的重要基本能力之一，一个人若不具备计算思维的能力，将在就业竞争中处于劣势；一个国家若不使广大受教育者得到计算思维能力的培养，在激烈竞争的国际环境中将处于落后地位。计算思维，不仅是计算机专业人员应该具备的能力，而且也是所有受教育者应该具备的能力。为此，需要大力推动计算思维观念的普及，在教育中应该提倡并注重计算思维的培养，在教育过程中促进对受教育者计算思维能力的培养，使受教育者具备较好的计算思维能力，提高受教育者在未来国际环境中的竞争力。

2. 大学要重视运用计算思维解决问题的能力

当前大学开设的计算机基础课的教学目标是让学生具备基本的计算机应用技能，因此，大学计算机基础教育的本质仍然是计算机应用的教育。为此，需要在目前的基础上强调计算思维的培养，通过计算机基础教育与计算思维相融合，在进行计算机应用教育的同时，培养学生的计算思维意识，帮助学生获得更有效的应用计算机的思维方式。其目的是通过提升计算思维能力更好地解决日常问题，更好地解决本专业问题。计算思维培养的目的应该满足这一要求。

从计算思维的概念性定义和操作性定义的属性可知，计算思维在大学阶段应该正确处理计算机基础教育面向应用与计算思维的关系。对于所有接受计算机基础教育的学习者，应以计算机应用为目标，通过计算思维能力的培养更好地服务于其专业领域的研究；对于以研究计算思维为目标的学习者（如计算机专业、哲学类专业研究人员），需要更深入地进行计算思维相关理论和实践的研究。

1.2 》程序设计基础

1.2.1 传统的结构化程序设计

传统的程序设计方法可以描述为"程序=算法+数据结构",它将程序定义为处理数据的一系列过程。这种设计方法的着眼点是面向过程的,特点是数据与程序分离,即数据与数据处理分离。20 世纪 60 年代,随着软件工程概念的提出,结构化程序设计方法产生并逐渐发展起来。

1976 年,著名计算机科学家 N. Wirth(N. 沃思)在其所著的《算法+数据结构=程序》一书中明确提出算法和数据结构是程序的两个要素,即程序设计主要包括两方面的内容:行为特性的设计和结构特性的设计。行为特性的设计是指完整地描述问题求解的全过程,并精确地定义每个解题步骤,这一过程即算法设计;而结构特性的设计是指在问题求解的过程中,计算机所处理的数据及数据之间联系的表示方法。

结构化程序设计的核心是算法设计,基本思想是采用自顶向下、逐步细化的设计方法和单入单出的控制结构。自顶向下、逐步细化是指将一个复杂任务按照功能进行拆分,形成由若干模块组成的树状层次结构,逐层细化到便于理解和描述的程度,各模块尽可能相对独立。单入单出的控制结构是指每个模块内部均使用顺序、选择和循环 3 种基本结构来描述。

结构化程序设计将任务划分为模块,对各模块进行独立的设计和测试,这为处理复杂问题提供了有力手段,所以一度成为程序设计的主流方法。然而到了 20 世纪 80 年代末,这种设计方法开始逐渐暴露出如下缺陷:

1)难以适应大型软件的设计。由于数据与数据处理相对独立,在大型多文件软件系统中,随着数据量的增多,程序变得越来越难以理解,多个文件之间的数据沟通也变得困难。

2)程序可重用性差。结构化程序设计缺乏具有软件重用能力的工具,即使处理老问题,处理方法的改变或数据类型的改变都将导致程序需要重新设计。

1.2.2 面向对象的程序设计

虽然结构化程序设计方法具有很多的优点,但还是存在程序可重用性差、不适合开发大型软件等缺点。为了克服上述缺点,一种全新的软件开发技术应运而生,这就是面向对象的程序设计方法。

面向对象的程序设计方法将数据及对数据的操作方法放在一起,作为一个相互依存、不可分离的整体——对象。对同类型对象抽象出其共性,形成"类"。类通过一个简单的外部接口与外界产生联系,对象与对象之间通过发送消息进行通信。这样,程序模块间的关系更为简单,程序模块的独立性、数据的安全性有了良好的保障。另外,通过类的继承与多态性可以很方便地实现代码的重用,极大缩短了软件开发的周期,使软件的维护更加方便。

面向对象的程序设计并不是要摒弃结构化程序设计，这两种方法各有用途、互为补充。在面向对象的程序设计中，仍然要用到结构化程序设计的知识，如在类中定义一个函数就需要使用结构化程序设计方法来实现。

面向对象程序设计的基本概念有类、对象、封装、继承、多态性等，第 6 章有详细的讲解。

1.2.3　算法的基本特征和基本要素

算法就是解决问题的步骤序列，它规定了解决某一特定问题的一系列运算。通俗地说，为解决问题而采用的方法和步骤就是算法。

1. 算法的基本特征

1）确定性。在算法设计中，算法的每个步骤都必须要有确切的含义，不允许有模糊的解释，也不能有多义性，即每个操作都应当是清晰的、无二义性的。

2）有穷性。有穷性是指算法必须在执行有穷步后结束，而不能陷入死循环。

3）有效性。算法中的每个步骤都应当能有效地执行，并能得到确定的结果。

4）有零个或多个输入。在算法执行的过程中需要从外界取得必要的信息，即输入数据，并以此为基础解决某个特定问题。所谓零个输入，是指算法也可以没有输入，此时就需要算法本身给出初始条件（初值）。

5）有一个或多个输出。设计算法的目的就是要解决问题，算法的计算结果就是输出。没有输出的算法是毫无意义的。一个算法可以有一个或多个输出，以反映对输入数据加工后的结果。

2. 算法的基本要素

算法由操作和控制结构两个要素组成。

（1）对数据对象的运算和操作

通常，计算机可以执行的基本操作是以指令的形式描述的。一个计算机系统能执行的所有指令的集合称为该计算机系统的指令系统。计算机程序就是按解题要求从计算机指令系统中选择合适的指令所组成的指令序列。在一般的计算机系统中，数据对象的基本运算和操作有以下 4 类。

1）算术运算：主要包括加、减、乘、除、取余等算术运算。

2）关系运算：主要包括大于、大于等于、小于、小于等于、等于、不等于等关系运算。

3）逻辑运算：主要包括与、或、非等逻辑运算。

4）数据传输：主要包括输入、输出、赋值等数据传输操作。

（2）控制结构

算法的功能不仅取决于所选用的操作，还与各操作之间的顺序有关。在算法中，各操作之间的执行顺序又称为算法的控制结构。算法的控制结构给出了算法的基本框架，它不仅决定了算法中各操作的执行顺序，也直接反映了算法的设计是否符合结构化原则。

一般的算法控制结构有 3 种：顺序结构、选择结构和循环结构。

算法的表示方法有很多，如以图形化表示的流程图、结构化流程图（N-S 图）和以类自然语言表示的伪代码等。其中，流程图是一种传统的、广泛应用的算法描述工具，也是最常见的算法图形化表达工具，它使用一些图框、流程线来形象、直观地描述算法处理过程。图 1-2 所示为算法的 3 种基本控制结构的执行流程图。

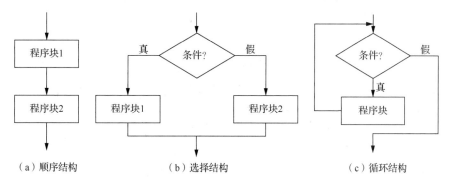

图 1-2 3 种基本控制结构的执行流程图

1.2.4 程序设计语言的发展

1. 程序设计语言的演变

众所周知，人与人之间的交流是通过语言实现的。同样，人与计算机之间交换信息也必须有一种语言作为媒介，这种语言称为计算机语言。如果需要使用计算机来解决某个实际问题，就必须使用计算机语言来编制相应的程序，然后由计算机执行编制好的程序，最终达到解决问题的目的。

编制程序的过程称为程序设计，因此计算机语言又称为程序设计语言。按照程序设计语言对计算机的依赖程度，程序设计语言可分为 3 类，即机器语言、汇编语言和高级语言。

（1）机器语言

机器语言即计算机指令系统，也就是计算机所有能执行的基本操作的命令。机器语言是用二进制代码表示的程序设计语言，是最低级的语言。使用机器语言编写的程序称为机器语言程序，能直接被计算机识别和执行，因此机器语言执行速度较快。

由于计算机类型不同，其指令系统也不一样，所以，同一道题目在不同的计算机上计算时，必须编写不同的机器语言程序，也就是说，机器语言程序的可移植性差。另外，机器语言中的每条指令都是一串二进制代码，可读性差、不易记忆；编写程序既难又繁，容易出错；程序的调试和修改难度也很大。因此，人们很少使用机器语言来编程。

例如，使用 8088 微处理器的机器语言编写 7+5 的程序，要用到下面的机器指令。

```
10110000        //将数据 5 送到累加器 AL 中
00000101
```

```
00000100                 //把 AL 中的数据同 7 相加, 结果放在 AL 中
00000111
```

（2）汇编语言

为了解决机器语言的上述缺点，20 世纪 50 年代初，汇编语言应运而生。汇编语言是一种符号化的机器语言，它不再使用难以记忆的二进制代码，而是用比较容易识别、记忆的助记符号代替操作码，用符号代替操作数或地址码。例如，上面的例子若写成汇编语言，则形式如下。

```
MOV AL,5                 //把 5 送到 AL 中
ADD AL,7                 //7+5 的结果仍存在 AL 中
```

可以看出，程序的可读性大大增强了。与机器语言相比，汇编语言在编写、修改和阅读程序等方面都有了很大的改进。但这种语言还是从属于特定机型的，除用符号代替二进制代码外，汇编语言的指令格式与机器语言相差无几。使用汇编语言编写的程序称为汇编语言程序，计算机不能直接识别和执行它，要把汇编程序翻译成机器语言程序（称为目标程序）后才能执行，这个翻译过程称为汇编。汇编语言程序的可移植性也较差。

从执行速度和占用内存空间的角度来讲，汇编语言较好。通常情况下，使用汇编语言来编写效率较高的实时控制程序和某些系统软件。

（3）高级语言

高级语言是不依赖于任何计算机指令系统的程序设计语言，其语言格式更接近于自然语言，或接近于数学函数形式。高级语言描述的问题与计算公式基本一致，可读性较好，是面向过程的语言。由高级语言编写 7+5 的程序如下。

```
A=7+5                    //将 7+5 的结果存放在变量 A 中
```

高级语言的通用性较好，易于掌握，大大提高了编写程序的效率，改善了程序的可读性。使用高级语言编写的程序称为高级语言源程序。与汇编语言相同，计算机不能直接识别和执行高级语言源程序，要用翻译的方法把高级语言源程序翻译成等价的机器语言程序才能执行。

2. 程序设计语言的处理系统

计算机只能直接识别和执行机器语言，那么要在计算机中运行高级语言程序就必须配备程序语言翻译程序，简称翻译程序。翻译程序本身是一组程序，不同的高级语言均有相应的翻译程序。对于高级语言来说，翻译方式有解释和编译两种。

（1）解释方式

将源程序逐句解释执行，即解释一句就执行一句，在解释方式中不产生目标文件。Python 语言采用解释方式，使用"解释一条 Python 语句执行一条语句"的方法，效率比较低。

（2）编译方式

编译方式是指将整个源程序翻译成机器语言程序，然后让计算机直接执行此机器语

言程序。目前，流行的高级语言 C、C++等采用编译方式。编译方式相较于解释方式过程更复杂，但它生成可执行文件（扩展名为.exe），并且可以反复执行，速度较快。

1.3 》 Python 语言概述

1.3.1 Python 语言的发展及现状

Python 是由 Guido van Rossum 在 20 世纪 90 年代初，在荷兰国家数学和计算机科学研究所设计出来的，原意为"大蟒蛇"。Python 2.0 于 2000 年 10 月 16 日发布，增加了实现完整的垃圾回收，并且支持 Unicode。Python 3.0 于 2008 年 12 月 3 日发布，此版不完全兼容之前的 Python 源代码。不过，很多新特性后来也被移植到 Python 2.6/2.7 版本。现在 Python 由一个核心开发团队在维护，Guido van Rossum 仍然发挥着至关重要的作用，指导其进展。

Python 是一种扩展性强大的编程语言。它具有丰富和强大的库，能够把使用其他语言制作的各种模块（尤其是 C/C++）很轻松地连接在一起。Python 还是一门跨平台的语言，可以在 Windows、macOS、Linux 上运行。Python 是一门解释型语言，需要把代码转换成机器可以识别的机器码然后供机器读取，即使代码量比较少，也仍会使运行速度变慢。

Python 作为一种功能强大的编程语言，因简单易学而受到很多开发者的青睐，那么 Python 的应用领域有哪些呢？概括起来主要有以下几个应用领域。

1）数据分析和机器学习：由于 Python 有很多强大的第三方库，如 NumPy、Pandas、SciPy 和 Scikit-learn，因此 Python 是数据分析、机器学习和深度学习的首选语言。

2）网络编程和 Web 应用程序开发：Python 拥有众多流行的 Web 框架，如 Django、Flask 和 Pyramid，可以用于开发各种 Web 应用程序，包括大型 Web 应用程序和 API（application program interface，应用程序接口）。

3）科学计算：Python 可以用于处理科学数据，包括计算和可视化。

4）游戏开发：Python 有一些流行的游戏引擎，如 Pygame 和 Panda3D，可以用于开发游戏。

5）自动化：Python 可用于编写各种自动化脚本，包括网络爬虫、自动化测试和自动化部署。

6）GUI（graphical user interface，图形用户界面）应用程序：Python 拥有多个 GUI 工具包，如 Tkinter、PyQt 和 wxPython，可以用于开发桌面应用程序。

7）数据库编程：Python 拥有多个数据库，如 MySQLdb、sqlite3 和 psycopg2，可以连接到各种数据库，并使用 SQL 语言进行操作。

8）数学和统计分析：Python 是一种出色的数学和统计分析工具，可以用于很多领域的科学计算。

9）文本处理：Python 有许多库可用于进行文本处理和正则表达式匹配等，包括 re、NLTK 和 spacy 等。

总的来说，Python 是一种多功能的编程语言，可用于众多领域。

1.3.2 Python 语言的开发环境

在 Windows、Linux 等平台上，都可以安装 Python 语言开发环境，以支持 Python 程序的运行。下面以 Windows 平台为例，介绍 Python 语言开发环境的安装和使用方法。

1. 下载 Python 安装包

在 Python 官方网站下载 Python 安装包（本书以 Python 3.9.2 为例），如图 1-3 所示。

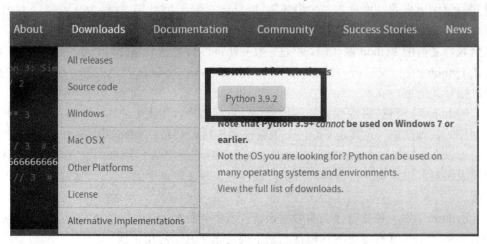

图 1-3 下载 Python 安装包

单击"Python 3.9.2"按钮进入如图 1-4 所示的页面，选择不同版本的安装包进行下载。

Release version	Release date		Click for more
Python 3.9.2	Feb. 19, 2021	⬇ Download	Release Notes
Python 3.8.8	Feb. 19, 2021	⬇ Download	Release Notes
Python 3.6.13	Feb. 15, 2021	⬇ Download	Release Notes
Python 3.7.10	Feb. 15, 2021	⬇ Download	Release Notes
Python 3.8.7	Dec. 21, 2020	⬇ Download	Release Notes
Python 3.9.1	Dec. 7, 2020	⬇ Download	Release Notes
Python 3.9.0	Oct. 5, 2020	⬇ Download	Release Notes
Python 3.8.6	Sept. 24, 2020	⬇ Download	Release Notes

Looking for a specific release?
Python releases by version number:

View older releases

图 1-4 选择不同版本的安装包

Python 下载完成后，运行安装包，打开安装窗口，选择"Customize installation"选项安装 Python 解释器。需要注意，要选中界面下方的"Add Python 3.9 to PATH"复选框，如图 1-5 所示。

图 1-5　安装 Python 解释器

2. 运行 Python

Python 安装包下载安装完成后，在计算机中就会自动安装与 Python 程序编辑和运行相关的若干程序，包括 Python 命令行、Python 用户手册和 Python 集成开发环境等，如图 1-6 所示。

图 1-6　"开始"菜单中的 Python 选项

"工欲善其事，必先利其器"，选择一款合适的 Python 语言开发环境，可以使工作达到事半功倍的效果。IDLE（integrated development and learning environment）是 Python 的集成开发环境，自 1.5.2b1 以来已与 Python 语言默认捆绑在一起。IDLE 具有简洁高效、易学易用等特点，对于初学者来说是一个不错的选择。

在"开始"菜单中选择"Python 3.9"选项并展开，选择其下的"IDLE（Python 3.9 64-bit）"选项，打开如图 1-7 所示的 Python 集成开发环境 IDLE。

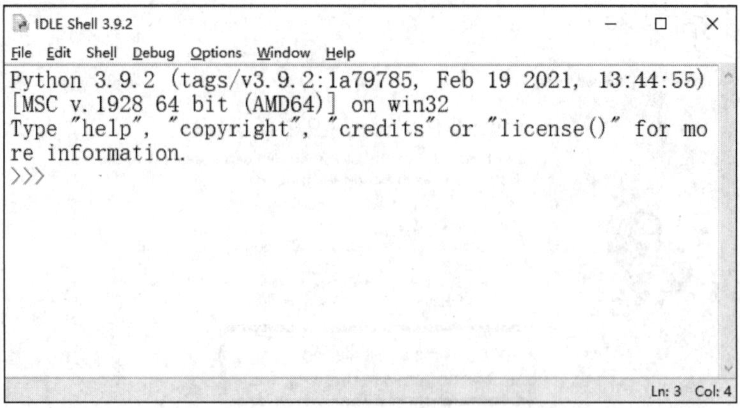

图 1-7　Python 集成开发环境 IDLE

在 Python 集成开发环境 IDLE 中，编辑和运行 Python 语言程序代码的常用方式有两种：交互式和文件式。下面以 Windows 操作系统下的 Python 3.9.2 为例，分别介绍这两种方式。

（1）交互式

启动 IDLE 后，默认进入交互式执行方式，IDLE 界面上方是 Python 语言解释器的版本信息，下面是提示符 ">>>"。在提示符 ">>>" 后面可以输入 Python 语言代码。例如，输入语句 "print("hello world")"，然后按 Enter 键，将会出现如图 1-8 所示的输出。

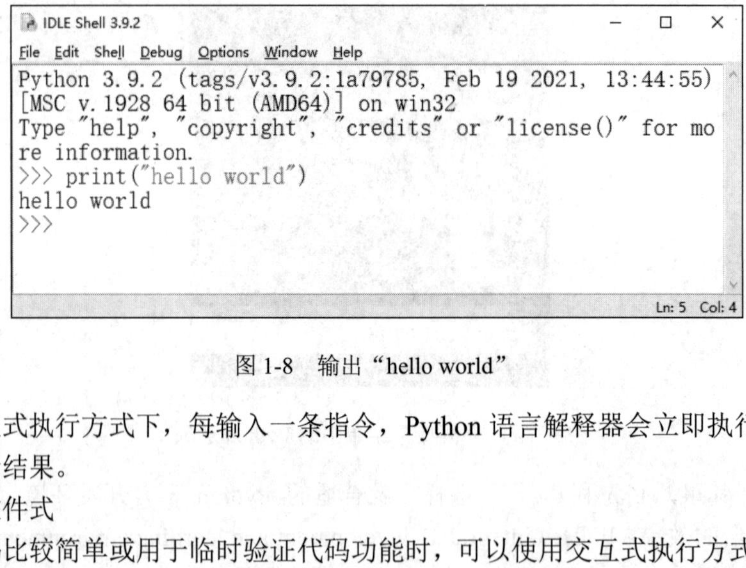

图 1-8　输出 "hello world"

在交互式执行方式下，每输入一条指令，Python 语言解释器会立即执行这条指令，并给出执行结果。

（2）文件式

当代码比较简单或用于临时验证代码功能时，可以使用交互式执行方式；但是当程序比较复杂时，交互式执行方式就无法满足需求了，这时可以将代码写在一个扩展名为 ".py" 的文件中，以方便编辑、调试和运行，这种方式即文件式执行方式。

在文件式编辑界面下的 "File" 菜单中选择 "New File" 选项，或者按 Ctrl+N 组合键，新建一个文本编辑窗口，如图 1-9 所示。在文本编辑窗口中编辑代码，编辑完成后保存文件。选择文本编辑窗口中的 "Run" → "Run Module" 选项，或者按 F5 键，即可运行程序。

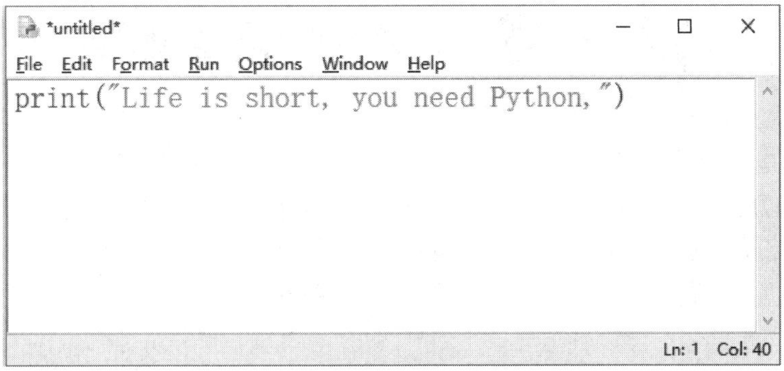

图 1-9 文本编辑窗口

习 题

1．算法有哪几种表示方法？
2．什么是机器语言、汇编语言和高级语言？
3．结构化程序设计主要强调的是（ ）。

    A．程序的可移植性   B．程序的易读性

    C．程序的执行效率   D．程序的规模

4．下列关于建立良好程序设计风格的描述，正确的是（ ）。

    A．充分考虑程序的执行效率

    B．程序的注释可有可无

    C．程序应简单、清晰、可读性好

    D．标识符的命名只要符合语法即可

5．程序设计语言 Python 的名称是指（ ）。

    A．基本亚原子粒子

    B．大蛇，如大蟒蛇

    C．希腊字母π

    D．英国喜剧团体

6．Python 是一种（ ）类型的编程语言。

    A．机器语言   B．解释   C．编译   D．汇编语言

7．下列关于 Python 语言特点的描述，不正确的是（ ）。

    A．语法简单   B．依赖平台   C．类库丰富   D．支持中文

8．在 IDLE 中采用交互式编程时，窗口中出现的">>>"符号的含义是（ ）。

    A．程序控制符   B．文件输入符

    C．命令提示符   D．运算操作符

第 2 章 Python 语言基础

Python 是一种面向对象的解释型高级编程语言，与其他程序设计语言一样，Python 也有自己的语法规则。本章主要介绍 Python 中的标识符、保留字、变量、基本数据类型、运算符和表达式等基础知识及 Python 语言的语法特点，最后介绍输入函数和输出函数进行数据交换的方法以及 Python 程序的书写规则。

2.1 》标识符和保留字

2.1.1 标识符

标识符是指程序中使用的各种名称，如变量名、常量名、类名等，可以简单理解为一个名称。

Python 语言对标识符的格式有以下要求。

1）标识符由英文字母（A~Z 和 a~z）、阿拉伯数字（0~9）和下划线组成（也可以包含中文）。

2）第一个字符必须是字母或下划线 "_"（可以是中文）。

例如，a、hebut、_num、abc123 都是合法的标识符，而 3x、a+b、^_^都是不合法的标识符。

由一个下划线或两个下划线开头的标识符对 Python 语言具有特殊的意义，通常用作保护变量、类的私有成员、类的构造函数及一些专用标识，因此，在给普通变量或函数等命名时应尽量避免使用这种形式的标识符。

3）标识符对大小写敏感。

在 Python 语言中，标识符区分大小写，如 hebut、Hebut 和 HeBut 是完全不同的 3 个名称。

4）标识符不能与保留字相同。

5）允许使用汉字作为标识符，但不建议使用。

当标识符由两个或多个单词组成时，可以使用驼峰式命名法来命名。驼峰式命名法分为大驼峰命名法和小驼峰命名法。

大驼峰命名法：每一个单词的首字母都采用大写字母，如 FirstName、LastName。

小驼峰命名法：第一个单词以小写字母开始；第二个单词的首字母大写，如 firstName、lastName。

除驼峰式命名法外，在程序设计中，还有一种命名法比较流行，就是使用下划线来连接所有的单词，如 first_name、last_Name。

2.1.2　保留字

保留字是 Python 语言中一些被赋予特定意义的单词，也称为关键字，它们不能像普通标识符那样使用，因此编写程序时不能定义与保留字相同的标识符。

例如，and、class、if、else 等保留字不能作为标识符用于命名变量名、常量名、类名等。每种程序设计语言都有一套保留字，保留字一般用来构成程序整体框架、表达关键值和具有结构性的复杂语义等。掌握一门编程语言首先要熟记其所对应的保留字。

Python 语言的标准库提供了一个 keyword 模块，可以输出当前版本的所有保留字。在 IDLE 中输入如下代码可以查看当前版本的所有保留字。

```
>>> import keyword
>>> print(keyword.kwlist)
['False', 'None', 'True', 'and', 'as', 'assert', 'async', 'await',
'break', 'class', 'continue', 'def', 'del', 'elif', 'else', 'except',
'finally', 'for', 'from', 'global', 'if', 'import', 'in', 'is', 'lambda',
'nonlocal', 'not', 'or', 'pass', 'raise', 'return', 'try', 'while', 'with',
'yield']
```

如果使用保留字作为变量、函数、类、模块和其他对象的名称，则会产生无效语法（invalid syntax）。另外，在 Python 中，保留字同普通标识符一样区分大小写。

2.2 》 变量和赋值语句

变量是表示或指向特定值的名称。在 Python 语言中，不需要先声明变量及其类型，直接赋值即可创建变量，变量通过变量名访问，变量的命名规则符合 2.1 节介绍的标识符命名规则。

变量的赋值可以通过赋值符号（=）来实现，其语法格式如下。

```
变量名 = 表达式
```

Python 是动态类型语言，解释器会根据变量所赋值的类型自动确定变量数据类型。

例 2-1　数据赋值及动态类型。

```
>>> a = 10
>>> type(a)
<class 'int'>
>>> a = 15.6
>>> type(a)
<class 'float'>
>>> a = True
>>> type(a)
<class 'bool'>
```

```
>>> a = 'university'
>>> type(a)
<class 'str'>
>>> a = [1,2,3,4,5,6]
>>> type(a)
<class 'list'>
>>> a = 2+3j
>>> type(a)
<class 'complex'>
```

type()是 Python 语言中的内置函数，可以返回变量类型。

例 2-1 中的第一条赋值语句"a = 10"会创建整数对象 10 和变量 a，并将变量 a 指向整数对象 10。执行语句"a = 15.6"时，创建实数对象 15.6，并将变量 a 指向实数对象 15.6。因此，在 Python 中，变量的类型取决于该变量所指向的数据类型。

除上述赋值语句外，Python 还支持链式赋值和解包赋值。

1）链式赋值语句：当多个变量同时需要赋予相同的值时，可以使用链式赋值语句。

例 2-2 链式赋值语句示例。

```
>>> a = b = c = 5
>>> print(a,b,c)
5 5 5
```

例 2-2 中，"a = b = c = 5"的作用与"a = 5；b = 5；c = 5"等价。

2）解包赋值语句：同时为多个变量赋不同的值时，可以使用解包赋值语句。

例 2-3 解包赋值语句示例。

```
>>> a, b, c = 5, 6, 'hebut'
>>> print(a, b, c)
5 6 hebut
```

使用解包赋值语句给变量赋值时，变量的个数必须与序列的个数保持一致，否则会产生错误。

例 2-4 解包赋值语句错误示例。

```
>>> a, b, c = 5, 6
Traceback (most recent call last):
  File "<pyshell#19>", line 1, in <module>
    a, b, c = 5, 6
ValueError: not enough values to unpack (expected 3, got 2)
```

print()为输出函数，用来输出结果。print()函数的用法会在后面的章节中进行详细介绍。

2.3 ≫ 数值类型数据

Python 中的主要数值类型数据包括整型（int）、浮点型（float）、复数（complex）。

2.3.1 整型

整型用于表示整数数值，包括正整数、负整数和零，不带小数点。

创建整数数值的方式有两种：①直接赋予变量整数值；②使用函数 int()创建整数类型实例。

例 2-5　创建整型数值示例。

```
>>> a = 22
>>> b = int()
>>> c = int('123')
>>> print(a,b,c)
22 0 123
```

布尔型仅有两个实例对象 False 和 True，布尔型是整数类型的子类，False 等同于 0，True 等同于 1。在 Python 中，布尔类型的值可以进行数值运算，如"True + 1"的结果为 2，但是通常情况下不建议对布尔类型的值进行数值运算。

2.3.2 浮点型

浮点型由整数部分与小数部分组成，如 3.14、−0.5、2.718281828459 等。浮点型也可以使用科学记数法表示，如 2.5e2、−1.414e6、1.732e-2 等。

创建浮点型数值的方式有两种：①直接赋予变量浮点型数值；②使用函数 float()创建浮点型实例。

直接赋值时，如果该数值没有小数，则需要添加后缀".0"，否则，解释器会认为这是整数型数值。

例 2-6　创建浮点型数值示例。

```
>>> a = 3.14
>>> b = 5.0
>>> c = float(12)
>>> print(a,b,c)
3.14 5.0 12.0
```

2.3.3 复数

复数由实数部分和虚数部分构成，与数学中的复数形式一致，使用 j 或 J 表示虚部。复数可以用 a + bj 或 complex(a,b)表示，复数的实部 a 和虚部 b 都是浮点型。

例 2-7 创建复数示例。

```
>>> a = 3 + 4j
>>> print(a)          #输出复数 a
(3+4j)
>>> print(a.real)     #输出复数 a 的实数部分
3.0
>>> print(a.imag)     #输出复数 a 的虚数部分
4.0
```

2.4 》 字 符 串

除前面介绍的数值数据类型外，字符串也是 Python 中常用的数据类型。

2.4.1 字符串类型数据

字符串是一个由字符组成的序列，字符串内容可以是计算机中能够表示所有符号的集合。在 Python 中，字符串属于不可变序列，字符串类型数据可以使用以下 4 种方式定义：单引号（''）、双引号（" "）、三单引号（''' '''）和三双引号（""" """）。4 种定义方式只是在形式上不同，在语义上并没有差别。例如：

```
'I am a student!'
"I am a student!"
```

上述两条语句在含义上是等价的。

当字符串本身出现单引号时，再使用单引号定义字符串就会产生歧义，如字符串'I'm a student!'会被理解成'I'，后面的 m a student!'部分会产生语法错误。这时使用双引号"I'm a student!"就可以避免这个问题。

反之，当字符串本身出现双引号时，使用双引号创建字符串同样会产生歧义，如字符串"It is a "cat""会被理解成"It is a "，后面的 cat""部分会产生语法错误。这时使用单引号' It is a "cat" '就可以避免这个问题。

单引号和双引号定义的字符串必须在同一行上，而三单引号和三双引号定义的字符串可以分布在连续的多行上。

```
'''Life is short
you need Python'''
```

2.4.2 字符串的索引和切片

Python 不支持单字符类型，单字符在 Python 中也是作为一个字符串使用的。字符串作为一个字符序列，很多情况下需要访问字符串中的一个或多个字符，这在 Python 中是通过索引和切片操作来实现的。

Python 中为字符串的每个字符编号，称为索引。Python 语言包括两种序号体系：正向递增体系和反向递减体系。例如，字符串"天高云淡，望断南飞雁。"由 11 个字符组成，正向递增序号从左向右编号，最左侧字符"天"的索引值为 0，最右侧字符"。"的索引值为 10。反向递减序号从右向左编号，最右侧字符"。"的索引值为-1，最左侧字符"天"的索引值为-11，如图 2-1 所示。

正向递增序号										
0	1	2	3	4	5	6	7	8	9	10
天	高	云	淡	，	望	断	南	飞	雁	。
-11	-10	-9	-8	-7	-6	-5	-4	-3	-2	-1
反向递减序号										

图 2-1　字符串的索引

例 2-8　字符串索引访问示例 1。

```
>>> str1 = "天高云淡，望断南飞雁。"
>>> str1[0]        #输出'天'
>>> str1[6]        #输出'断'
>>> str1[-1]       #输出'。'
>>> str1[-5]       #输出'断'
```

除利用索引访问单个字符外，Python 中还可以访问连续的子字符串，这种访问方式称为切片，语法格式为[头下标:尾下标]。访问区间为索引值从头下标开始到尾下标（不包含尾下标）结束的子字符串。

例 2-9　字符串索引访问示例 2。

```
>>> str2 = "不到长城非好汉，屈指行程二万。"
>>> str2[0:7]      #输出'不到长城非好汉'
>>> str2[8:-1]     #输出'屈指行程二万'
>>> str2[2:4]      #输出'长城'
>>> str2[:8]       #输出'不到长城非好汉，'
>>> str2[10:]      #输出'行程二万。'
>>> str2[:]        #输出'不到长城非好汉，屈指行程二万。'
```

这里，头下标和尾下标可以省略。如果省略头下标，则默认从字符串的开始位置取子串；如果省略尾下标，则默认取到字符串的最后一个字符。

将上面格式增加一个参数，变为[头下标:尾下标:步长]，可以设置取子字符串的间隔和顺序。当步长值大于 0 时，表示正向取子串，即从左向右取字符；当步长值小于 0 时，表示逆向取子串，即从右向左取字符。步长的值表示取字符的间隔。

例 2-10　字符串索引访问示例 3。

```
>>> str3 = "六盘山上高峰，红旗漫卷西风。"
>>> str3[0:6:1]    #输出'六盘山上高峰'
>>> str3[0:6:2]    #输出'六山高'
```

```
>>> str3[0:6:-1]        #输出' '
>>> str3[5:0:-1]        #输出'峰高上山盘'
>>> str3[5::-1]         #输出'峰高上山盘六'
>>> str3[-2:-8:-1]      #输出'风西卷漫旗红'
>>> str3[::-1]          #输出'。风西卷漫旗红，峰高上山盘六'
```

这里 ">>> str3[0:6:-1]" 输出结果为空（''）。这是因为步长为-1，逆向取，但是头下标小于尾下标，所以取值为空。当步长为-1，头下标和尾下标同时省略时，可以很方便地取一个字符串的逆序串。

例 2-11　输入一个 0~6 的整数，输出对应的星期名称缩写。

【问题分析】

可以将星期的缩写放在一个字符串中，利用切片操作来解决问题。

```
weeks = "SunMonTueWedThuFriSat"
```

由于每一天用 3 个字母表示，因此可以确定切片的长度为 3。关键问题是如何确定切片的起始位置。当输入 "0" 时，输出 "Sun"，从索引值 0 开始切片；当输入 "1" 时，输出 "Mon"，从索引值 3 开始切片……以此类推，可见，切片的起始位置为输入值×3。

【参考代码】

```
#数字与星期转换
d = int(input("请输入一个 0~6 的整数："))
weeks =  "SunMonTueWedThuFriSat"
pos = d * 3
print(weeks[pos:pos+3])
```

【运行结果】

```
请输入一个 0~6 的整数：5
Fri
```

有关字符串的处理，在后续章节中将会进行更详细的介绍。

2.5 》 运算符和表达式

运算符是一些用于数学运算、关系运算和逻辑运算的特殊符号。使用运算符将不同类型的数据、变量按照一定的规则连接起来的式子，称为表达式。例如，使用算术运算符连接起来的式子称为算术表达式，使用关系运算符连接起来的式子称为关系表达式。

2.5.1　数据类型转换

在 Python 中，使用变量之前不需要声明变量类型，但是在运算时，有时仍然需要进行数据类型转换。Python 提供了如表 2-1 所示的函数进行数据类型的转换。

表 2-1　常用数据类型转换函数及作用

函数	作用
int(x)	将对象 x 转换为整型
float(x)	将对象 x 转换为浮点型
complex(real [,imag])	创建一个复数
str(x)	将对象 x 转换为字符串
repr(x)	将对象 x 转换为表达式字符串
eval(str)	计算在字符串中的有效 Python 表达式，并返回一个对象
tuple(s)	将序列 s 转换为一个元组
list(s)	将序列 s 转换为一个列表
chr(x)	将编码 x 转换为一个字符
unichr(x)	将编码 x 转换为一个 Unicode 字符
ord(x)	将一个字符 x 转换为 Unicode 编码
hex(x)	将一个整数 x 转换为一个十六进制字符串
oct(x)	将一个整数 x 转换为一个八进制字符串

例 2-12　计算学生各项得分总和，并转换为字符串输出，然后应用 int()函数将浮点型变量四舍五入转换为整型，并转换为字符串输出。

【参考代码】

```
stuScore = 10.50 + 23.75 + 34.50 + 28.50    #计算总分
stuScore_str = str(stuScore)                #转换为字符串
print("考试总成绩为: " + stuScore_str)        #输出结果
stuScore_int = int(stuScore + 0.5)          #四舍五入
stuScore_str = str(stuScore_int)            #转换为字符串
print("考试最终成绩为: " + stuScore_str)      #输出结果
```

【运行结果】

```
考试总成绩为：97.25
考试最终成绩为：97
```

把一个字符串类型数据转换为数值类型数据时，如果字符串本身为非数字字符串，则转换过程会出现错误。

```
>>> int("123456")             #数字字符串转换为整数
123456
>>> int("258 个")             #非数字字符串转换为整数时出现错误
Traceback (most recent call last):
  File "<pyshell#31>", line 1, in <module>
    int("258 个")
ValueError: invalid literal for int() with base 10: '258 个'
```

2.5.2 算术运算符

算术运算符是处理四则运算的符号，主要用于数值处理。常用的算术运算符及其使用说明如表 2-2 所示。

表 2-2 常用的算术运算符及其使用说明

运算符	说明	实例	结果
+	加	2.5+5	7.5
−	减	9.26-4.23	5.03
*	乘	2*5.1	10.2
/	除	10/4	2.5
%	取余，即返回除法的余数	9%4	1
//	取整除，即返回商的整数部分	9//4	2
**	乘方，如 x**y，即返回 x 的 y 次方	2**5	32

【说明】

1）在乘法运算中，乘号（*）不能省略，如 2*m*n 不能省略为 2mn。

2）在取余（%）运算中，当除数为负时，计算结果为负。

```
>>> 7 % 2
1
>>> -7 % 2
1
>>> 7 % -2
-1
```

3）取整除（//）是对除法运算的结果进行取整操作，采用的是向下取整方式。

```
>>> 10//3
3
>>> 10//-3
-4
```

Python 语言中内置的数值运算函数也可以进行数值运算，常用的内置运算函数如表 2-3 所示。

表 2-3 常用的内置运算函数

函数	函数描述
abs(x)	求 x 的绝对值
divmod(x, y)	输出（x//y, x%y）
pow(x, y[, z])	[]表示参数可选，输出(x**y)% z，当 z 省略时，输出 x**y
round(x[, ndigits])	对 x 的值四舍五入，保留 ndigits 位小数。当 ndigits 省略时，返回 x 四舍五入后的整数值

函数	函数描述
max(x1, x2, …, xn)	求 x1, x2, …, xn 中的最大值
min(x1, x2, …, xn)	求 x1, x2, …, xn 中的最小值

例 2-13　内置数值运算函数使用示例。

```
>>> abs(-5.3)
5.3
>>> divmod(25,4)
(6, 1)
>>> pow(2,5)
32
>>> pow(2,5,3)
2
>>> round(3.1415926,2)
3.14
>>> max(1, 8, 5, 6, 3)
8
>>> min(1, 8, 5, 6, 3)
1
```

2.5.3　赋值运算符

赋值运算符主要用来为变量赋值。"="是赋值运算符，作用是将"="右侧表达式的值赋给左侧的变量。"="还可以和算术运算符结合在一起，形成复合运算符。常用的赋值运算符如表 2-4 所示。

表 2-4　常用的赋值运算符

运算符	描述	实例	含义
=	简单的赋值运算符	c = a + b	将 a + b 的运算结果赋值给 c
+=	加法赋值运算符	c += a	c = c + a
-=	减法赋值运算符	c -= a	c = c - a
*=	乘法赋值运算符	c *= a	c = c * a
/=	除法赋值运算符	c /= a	c = c / a
%=	取模赋值运算符	c %= a	c = c % a
**=	幂赋值运算符	c **= a	c = c ** a
//=	取整除赋值运算符	c //= a	c = c // a

例 2-14　复合算术运算符示例。

```
>>> m, n = 15, 20        #赋值 m = 15, n = 20
>>> m += n               #等价于 m = m + n, 执行后 m = 35
```

```
>>> m %= 2            #等价于 m = m % 2，执行后 m = 1
>>> n //= 2           #等价于 n = n // 2，执行后 n = 10
```

复合运算符中间不能有空格，如"+="不能写成"+ ="。

2.5.4 关系运算符

关系运算符也称为比较运算符，用于对变量或表达式的值进行比较，若比较结果为真，则返回 True，否则返回 False。常用的关系运算符如表 2-5 所示。

表 2-5 常用的关系运算符

运算符	描述	实例	运算结果
==	等于，比较对象是否相等	'c' == 'C'	False
!=	不等于，比较两个对象是否不相等	10 != 5	True
>	大于，返回 x 是否大于 y	23.5 > 23.50	False
<	小于，返回 x 是否小于 y	56 < 230	True
>=	大于等于，返回 x 是否大于等于 y	"abc" >= "abd"	False
<=	小于等于，返回 x 是否小于等于 y	56.3 <= 24.2	False

【说明】

1）由两个符号组成的运算符中间不能有空格，如">="不能写成"> ="。

2）当判断一个变量是否介于两个值之间时，可以采用连续判断方式，如"5 < a < 10"。

3）关系运算符通常作为判断依据用于条件语句中。

例 2-15 比较地球、金星、火星赤道半径的大小。

```
earth = 6378       #定义变量，存储地球赤道半径的值
venus = 6073       #定义变量，存储金星赤道半径的值
mars = 3397        #定义变量，存储火星赤道半径的值
#对不同行星间赤道半径的大小进行比较
print("地球赤道半径 < 金星赤道半径，结果为: " + str(earth < venus))
print("地球赤道半径 > 金星赤道半径，结果为: " + str(earth > venus))
print("地球赤道半径 == 火星赤道半径，结果为: " + str(earth == mars))
print("地球赤道半径 != 火星赤道半径，结果为: " + str(earth != mars))
print("金星赤道半径 <= 火星赤道半径，结果为: " + str(venus <= mars))
print("金星赤道半径 >= 火星赤道半径，结果为: " + str(venus >= mars))
```

【运行结果】

```
地球赤道半径 < 金星赤道半径，结果为: False
地球赤道半径 > 金星赤道半径，结果为: True
地球赤道半径 == 火星赤道半径，结果为: False
地球赤道半径 != 火星赤道半径，结果为: True
金星赤道半径 <= 火星赤道半径，结果为: False
金星赤道半径 >= 火星赤道半径，结果为: True
```

2.5.5 逻辑运算符

逻辑运算符是对两个布尔值（True 或 False）进行运算，其运算结果仍是一个布尔值。Python 中的逻辑运算符主要包括 3 个基本的逻辑运算：and（逻辑与）、or（逻辑或）、not（逻辑非），如表 2-6 所示。

表 2-6　逻辑运算符

运算符	含义	用法	结合方向
and	逻辑与	a and b	从左到右
or	逻辑或	a or b	从左到右
not	逻辑非	not a	从右到左

逻辑运算符的真值表如表 2-7 所示。

表 2-7　逻辑运算符的真值表

表达式 a	表达式 b	a and b	a or b	not a
True	True	True	True	False
True	False	False	True	False
False	True	False	True	True
False	False	False	False	True

2.5.6 运算符的优先级

运算符的优先级是指当一个表达式中出现多个运算符时，先执行哪个运算符，后执行哪个运算符，与数学四则运算中的"先乘除后加减"类似。例如，对于表达式 a + b * c，Python 会先计算乘法运算 b * c，再计算 a 加 b * c 的结果，即乘法运算符的优先级高于加法运算符的优先级。

Python 支持几十种运算符，被划分成将近 20 个优先级，有的运算符优先级不同，有的运算符优先级相同。运算符的优先级如表 2-8 所示。

表 2-8　运算符的优先级

运算符说明	Python 运算符	结合性	优先级
小括号	( )	无	高
索引运算符	x[i]或 x[i1: i2 [:i3]]	左	
乘方	**	右	
按位取反	~	右	
符号运算符	+（正号）、-（负号）	右	
乘除	*、/、//、%	左	
加减	+、-	左	
位移	>>、<<	左	
比较运算符	==、!=、>、>=、<、<=	左	低

在程序设计过程中，为避免运算次序混乱，应尽可能使用小括号"( )"限定运算次序。

2.6 》基本输入输出语句

计算机程序在运行过程中，往往需要与用户进行交互，计算机程序需要获得用户的输入值，并且将程序执行结果反馈给用户。在 Python 语言中，可以使用内置的输入函数 input()和输出函数 print()来实现程序与用户之间的交互。

2.6.1 输入函数 input()

在 Python 语言中，使用内置标准输入函数 input()可以接收从键盘输入的数据，获取用户的输入信息。在程序设计过程中，通常使用一个变量来存储由 input()函数输入的信息。input()函数的语法格式如下。

```
变量 = input("提示信息")
```

小括号内的"提示信息"为字符串或字符串表达式，用于提示用户输入什么样的数据、输入数据格式等信息。input()函数运行时将在屏幕上显示"提示信息"的内容，并暂停程序执行，等待用户输入数据，用户输入完成后按 Enter 键结束输入，程序继续运行。用户输入内容将以字符串类型存储在赋值符号左侧的变量中。

例 2-16 input()函数使用示例 1。

```
>>> city = input("您最喜欢的城市是：")
您最喜欢的城市是：北京
>>> city
'北京'
```

通过 input()函数输入的内容是以字符串形式存储的，如果直接使用 input()函数获得的输入值进行算术运算，则会出现错误，如例 2-17 所示。

例 2-17 input()函数使用示例 2。

```
m = input("请输入应付金额：")
r = input("请输入实付金额：")
c = r - m             #计算找零金额
print("应找零：", c)
```

【运行结果】

```
请输入应付金额：23
请输入实付金额：50
Traceback (most recent call last):
  File "E:/ Python /Python1-4/Ex4-16.py", line 3, in <module>
    c = r - m             #计算找零金额
```

```
TypeError: unsupported operand type(s) for -: 'str' and 'str'
```

如果需要获得数值型数据，则可以使用内置函数 eval()，其语法格式如下。

```
变量 = eval(input("提示信息"))
```

eval()函数可以将获得的字符串型数据解析为表达式并计算表达式的值。

```
>>> eval("54 + 63")
117
```

eval()函数把其中的字符串"54 + 63"解析为数学表达式 54+63 并计算出结果 117。例 2-17 可以修改为以下内容。

```
m = eval(input("请输入应付金额: "))
r = eval(input("请输入实付金额: "))
c = r - m                #计算找零金额
print("应找零: ", c)
```

【运行结果】

```
请输入应付金额: 23
请输入实付金额: 50
应找零: 27
```

【思考】

下列程序能否正常运行？运行结果是什么？为什么？

```
computer = input("请输入你的计算机成绩: ")
math = input("请输入你的数学成绩: ")
english = input("请输入你的英语成绩: ")
total = computer + math + english    #计算总成绩
print("你的总成绩为: ", total)
```

2.6.2　输出函数 print()

Python 语言内置的 print()函数可以把信息以文本的形式显示在屏幕上。print()函数的语法格式如下。

```
print(输出内容)
```

其中，输出内容可以是字符串（用引号括起来的内容）、数字，也可以是包含运算符的表达式。当输出内容是字符串或数字时，print()函数将内容直接输出；当输出内容是表达式时，先计算表达式的值再输出结果。

例 2-18　print()函数使用示例。

```
print("print()函数使用示例")        #字符串直接输出
print(1024)                          #直接输出数字
print(10 + 8)                        #先计算表达式的值，再输出结果
```

【运行结果】

```
print()函数使用示例
1024
18
```

从例 2-18 可以看出，每个 print()函数的输出内容占一行（输出内容小于显示控制台宽度时）。如果后一个 print()函数输出时不换行，即和前一个 print()函数的输出内容在同一行输出，则可以通过在 print()函数中加入参数 "end = """ 来实现。如果需要在两个print()函数输出内容之间直接添加一个空行，则可以使用一个空 print()函数来实现。

例 2-19 print()函数换行控制示例。

```
a = 10
b = 20
print("a=", end="")          #加入 end=""，输出字符串后不换行
print(a)
print("b=", b)               #多项输出内容使用逗号分隔
print()                      #输出一个空行
print("a、b 的平均值为：", (a + b)/2)
```

【运行结果】

```
a=10
b= 20
a、b 的平均值为: 15.0
```

2.7 》 Python 程序的书写规则

在前面章节中，我们已经见到了很多 Python 程序，下面通过一个温度转换的例子来详细介绍 Python 程序的书写规则。

例 2-20 温度转换。在现实生活中，温度的表示方法通常有两种：一种是摄氏温度，另一种是华氏温度。编写程序：如果用户输入华氏温度，则将其转换为摄氏温度；如果用户输入摄氏温度，则将其转换为华氏温度。

```
#温度转换
sTemp = input("请输入需要转换的温度值：")
if sTemp[-1] in ['c', 'C']:        #判断是否为摄氏温度
    fTemp = eval(sTemp[0:-1]) * 1.8 + 32
    print("转换为华氏温度为：",fTemp)
elif sTemp[-1] in ['f', 'F']:      #判断是否为华氏温度
    cTemp = (eval(sTemp[0:-1]) - 32)/1.8
    print("转换为摄氏温度为：",cTemp)
else:
```

```
        print("温度格式输入错误！")
```

【运行结果】

```
    请输入需要转换的温度值：56c
    转换为华氏温度为： 132.8
```

【说明】

Python 语言的程序书写规则如下。

1）通常情况下，一行写一条语句。如果需要在一行书写多条语句，则语句间使用分号（;）分隔，如下所示。

```
    a = 3; b = 4; c = 5
```

如果语句过长，则可以使用"\"符号将一条语句分解成多行书写，如下所示。

```
    >>> shici= "风雨送春归，飞雪迎春到。\
    已是悬崖百丈冰，犹有花枝俏。\
    俏也不争春，只把春来报。\
    待到山花烂漫时，她在丛中笑。"
    >>> shici
    '风雨送春归，飞雪迎春到。已是悬崖百丈冰，犹有花枝俏。俏也不争春，只把春来报。待
到山花烂漫时，她在丛中笑。'
```

2）一个良好的程序，注释是非常重要的。注释通常用于对整个程序或程序的部分代码进行解释和说明。Python 中的注释分为单行注释和多行注释，单行注释以"#"开头，前面例题中大多采用这种注释格式；多行注释使用 3 个单引号或 3 个双引号将注释括起来，如：

```
    #!/usr/bin/python3
    '''
    多行注释示例
    采用 3 个单引号
    '''
    print("Hello, World!")
```

3）除字符串类型数据中的符号外，Python 语言中的语法符号必须是英文符号，采用英文输入法输入。

4）与其他大多数程序设计语言不同，在 Python 语言中，代码的缩进本身就是语法的一部分，是体现程序逻辑关系的语法规则，因此，缩进在 Python 中非常重要。缩进可以使用空格或 Tab 键来实现。同一级别缩进必须完全相同，使用空格进行缩进时，通常使用 4 个空格作为一个缩进量；使用 Tab 键进行缩进时，通常使用 1 个 Tab 键作为一个缩进量。

习　　题

1．Python 语言标识符的命名规则有哪些？写出 5 个合法的标识符。

2．Python 语言有哪些数据类型？

3．s="abcdefghij"，能表示"abcd"的是（　　）。

　　A．s[0:4]　　　B．s[-10:-5]　　C．s[0:3]　　　D．s[1:5]

4．下列赋值语句正确的是（　　）。

　　A．a=2,b=5　　B．m=n=4　　　C．x=2 y=3　　D．a=(y=2)

5．下列不属于 Python 内置数据类型的是（　　）。

　　A．int　　　　B．float　　　　C．list　　　　D．char

6．已知 a=20，则"5<=a and a<=10"的结果为_____。

7．已知 m,n=2,3，则"m|n"的结果为_____，"m^n"的结果为_____。

8．编写程序：计算 x^4，要求使用两条语句，不使用"**"运算符，进行两次乘法运算。

9．编写程序：输入半径的值，分别计算圆的面积和球形的体积。

10．在体操比赛中，10 名裁判员分别对同一名运动员打分，去掉一个最高分和一个最低分，取其余成绩的平均分作为该运动员的最终成绩。编写程序：根据裁判的评分计算运动员的成绩。

11．编写程序实现以下要求：输入一个 4 位数的整数，求其各位上的数字之和。例如：输入 1234，输出 10。

第 3 章 流程控制结构

1965 年，E. W. Dijikstra（艾兹格·W. 迪科斯彻）提出了结构化程序设计思想，采用自顶向下、逐步细化的程序设计方法和"单入口单出口"的控制结构。在结构化程序设计中，程序的基本结构有 3 种，即顺序结构、选择结构和循环结构。前面章节中学习的程序都是顺序结构，顺序结构中语句的执行次序是按照它们出现的先后次序进行的，每条语句都会仅执行一次。

本章将介绍另外两种程序结构：选择结构和循环结构。

3.1 》math 库

math 库是 Python 语言中用于数值计算的内置数学类函数库。math 库提供了 4 个数学常数和 44 个函数。math 库不支持复数类型，仅支持整数和浮点数运算。

3.1.1 math 库的引用

在 Python 语言中，引用库的格式有以下 3 种。

【格式 1】

```
import <库名>
```

【格式 2】

```
from <库名> import <函数名>
from <库名> import *
```

【格式 3】

```
import <库名> as <库别名>
```

在使用格式 1 引用库时，程序中出现的库中的常数和函数名前面需要加上库名。例如：

```
>>> import math
>>> print(math.pi)
3.141592653589793
>>> print(math.e)
2.718281828459045
```

在使用格式 2 引用库时，函数名前不需要再加库名。例如：

```
>>> from math import fabs
>>> fabs(-5)
5.0
```

如果在格式 2 中使用"from <库名> import *",则引用库中的常数和函数时都可以直接使用,前面不需要再加库名。

3.1.2　math 库中的数学常数

math 库中的 4 个数学常数如表 3-1 所示。

表 3-1　math 库中的 4 个数学常数

常数	数学表示	描述
pi	π	圆周率,值为 3.141592653589793
e	E	自然对数,值为 2.718281828459045
inf	∞	正无穷大,负无穷大为-inf
nan	—	非浮点数标记,Not a Number

3.1.3　math 库中的函数

math 库提供了 44 个函数,共分为 4 类,包括 16 个数值函数、8 个幂对数函数、16 个三角函数和 4 个高等特殊函数。

math 库中常用的数值函数如表 3-2 所示。

表 3-2　math 库中常用的数值函数

函数	数学表示	描述
ceil(x)	—	返回大于等于 x 的最小整数值
fabs(x)	|x|	返回 x 的绝对值
factorial(n)	n!	返回 n 的阶乘
floor(x)	—	返回小于等于 x 的最大整数值
fmod(x,y)	x % y	返回 x 除以 y 的余数,其值为浮点数
fsum([x,y,…])	x+y+…	浮点数精确求和
gcd(x,y)	—	返回 x 和 y 的最大公约数,x 和 y 为整数
modf(x)	—	返回由 x 的小数部分和整数部分组成的元组
trunc(x)	—	返回 x 的整数部分

例 3-1　math 库中数值函数的使用示例。

```
>>> import math
>>> math.ceil(3.2)
4
>>> math.floor(-3.2)
-4
>>> math.modf(2.3)
(0.2999999999999998, 2.0)        #浮点数在计算机中不能被精确地表示
>>> print("6!=", math.factorial(6))
6!= 720
```

```
>>> print("45 和 24 的最大公约数是：",math.gcd(45,24))
45 和 24 的最大公约数是： 3
>>> math.fsum([1.0, 2.3, 5.6, 8, 9.1])
26.0
```

math 库中的部分幂对数函数和三角函数如表 3-3 所示。

表 3-3　math 库中的部分幂对数函数和三角函数

函数	数学表示	描述
exp(x)	e^x	返回 e 的 x 次幂，e 为自然对数
pow(x,y)	x^y	返回 x 的 y 次幂
sqrt(x)	$\sqrt{x}$	返回 x 的平方根
log(x[,a])	$\log_a x$	返回以 a 为底 x 的对数值，不指定 a 则返回 lnx
log2(x)	$\log_2 x$	返回以 2 为底 x 的对数值
log10(x)	$\log_{10} x$	返回以 10 为底 x 的对数值
degrees(x)	—	返回 x 的角度值，x 为弧度值
radians(x)	—	返回 x 的弧度值，x 为角度值
hypot(x,y)	$\sqrt{x^2+y^2}$	返回 x^2+y^2 的平方根
sin(x)	sinx	返回 x 的正弦函数值，x 为弧度值
cos(x)	cosx	返回 x 的余弦函数值，x 为弧度值
tan(x)	tanx	返回 x 的正切函数值，x 为弧度值
asin(x)	arcsinx	返回 x 的反正弦函数值，x 为弧度值
acos(x)	arccosx	返回 x 的反余弦函数值，x 为弧度值
atan(x)	arctanx	返回 x 的反正切函数值，x 为弧度值

例 3-2　math 库中幂对数函数和三角函数的使用示例。

```
>>> import math
>>> math.exp(3)
20.085536923187668
>>> math.pow(2,5)
32.0
>>> math.sqrt(16)
4.0
>>>math.log(64,4)
3.0
>>> math.log2(1024)
10.0
>>> math.degrees(math.pi)
180.0
>>> math.radians(360)
6.283185307179586
```

3.2 》 选 择 结 构

在解决实际问题时，经常需要根据不同的情况或条件来选择不同的操作步骤，程序也同样如此。例如，通过判断用户输入的用户名和密码是否正确，决定是否可以登录。

选择结构又称为分支结构，程序中的代码不一定每次运行都会被执行，程序会根据运行时条件的不同选择不同的执行路径。选择结构可分为单分支结构、双分支结构和多分支结构。

3.2.1 单分支结构：if 语句

if 语句实现的单分支结构是最简单的一种选择结构，if 语句可以对某个条件进行判断，根据判断结果决定是否执行后面的语句块，从而实现选择结构，如图 3-1 所示。单分支结构的语法格式如下。

```
if 表达式:
    语句块
```

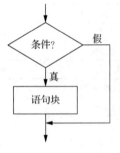

图 3-1　单分支结构

【说明】

1) 判定条件可以是关系表达式或逻辑表达式，也可以是一个单纯的布尔值或变量。若表达式的值为真，则执行语句块；若表达式的值为假，则跳过语句块执行 if 语句后面的语句。当表达式的值为非零数值或非空字符串时，if 语句也认为条件成立，即表达式的值为真。

2) 表达式后面的 "：" 不能省略，它表示一个语句块的开始。

3) 语句块的缩进是必需的，它表示了代码的逻辑关系。

例 3-3　输入两个整数，将其按由大到小的顺序输出。

【问题分析】

输入的两个整数可以保存在变量 a 和 b 中。为使 a 大于 b，当 a 小于 b 时，将 a 与 b 的值进行交换；反之，则不需要进行交换，而是直接输出。

【参考代码】

```
#输入两个整数 a 和 b，将其按由大到小的顺序输出
a = eval(input("请输入第一个数: "))
b = eval(input("请输入第二个数: "))
if a < b:
    a,b = b,a
print("两个数按由大到小的顺序的输出结果为: ",a, b)
```

【运行结果】

```
请输入第一个数: 9
请输入第二个数: 12
两个数按由大到小的顺序的输出结果为:  12 9
```

【说明】

使用 if 语句时，如果语句块中只有一条语句，则可以直接写在冒号的后面。例如，例 3-3 中的第 4、5 行可以写为以下形式。

```
if a < b: a,b = b,a
```

例 3-4　输入三角形的 3 条边长，计算三角形的面积。

三角形的面积计算公式: $area = \sqrt{s(s-a)(s-b)(s-c)}$。其中，a、b、c 为三角形的 3 条边，s=(a+b+c)/2。

【问题分析】

输入三角形的 3 条边长后，需要检查数据的合法性，即 3 条边长是否可以构成一个三角形。检查条件为三角形的任意两边之和大于第三边。

【参考代码】

```
#根据输入值计算三角形的面积
import math
a = eval(input("请输入三角形的边长 a: "))
b = eval(input("请输入三角形的边长 b: "))
c = eval(input("请输入三角形的边长 c: "))
if a+b>c and a+c>b and b+c>a:
    s=(a+b+c)/2
    area = math.sqrt(s*(s-a)*(s-b)*(s-c))
    print("三角形的面积为: {:.2f}".format(area))
```

【运行结果】

```
请输入三角形的边长 a: 5
请输入三角形的边长 b: 6
请输入三角形的边长 c: 7
三角形的面积为: 14.70
```

【说明】

例 3-4 中，只考虑了三角形 3 条边长满足构成三角形条件时的情况，而没有考虑当输入的值不能满足要求时的情况。当输入值不能满足要求时，程序应该给出反馈信息，双分支结构可以很好地解决这一问题。

3.2.2　双分支结构: if-else 语句

在 Python 语言中，使用 if-else 语句实现双分支结构，如图 3-2 所示，其语法格式如下。

```
If 表达式:
    语句块 1
else:
    语句块 2
```

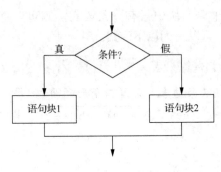

图 3-2　双分支结构

【说明】

1）当判定条件的值为真时，执行语句块 1，否则执行语句块 2。

2）语句块 1 和语句块 2 在程序一次运行过程中，有且只有其中一个语句块被执行。

可以将例 3-4 修改为双分支结构，对输入的数据进行合理性判断。

例 3-5　输入三角形的 3 条边长，判断输入的数据是否合理，并计算三角形的面积。

【问题分析】

与例 3-4 相比，例 3-5 除在满足条件的情况下计算三角形的面积外，还要考虑输入的 3 条边长不能组成一个三角形的情况。

【参考代码】

```
#根据输入值计算三角形的面积
import math
a = eval(input("请输入三角形的边长 a: "))
b = eval(input("请输入三角形的边长 b: "))
c = eval(input("请输入三角形的边长 c: "))
if a+b>c and a+c>b and b+c>a:
    s=(a+b+c)/2
    area = math.sqrt(s*(s-a)*(s-b)*(s-c))
    print("三角形的面积为: {:.2f}".format(area))
else:
    print("输入数据有误！")
```

【运行结果 1】

```
请输入三角形的边长 a: 8
请输入三角形的边长 b: 3
```

```
请输入三角形的边长 c：4
输入数据有误！
```

【运行结果 2】

```
请输入三角形的边长 a：9
请输入三角形的边长 b：12
请输入三角形的边长 c：15
三角形的面积为：54.00
```

例 3-6　输入一个整数，判断其是奇数还是偶数。

【问题分析】

判断一个整数的奇偶性，只需要将其对 2 取余：如果余数为 0，则为偶数；如果余数为 1，则为奇数。

【参考代码】

```python
#判断一个数是奇数还是偶数
a = int(input("请输入一个整数："))
if a % 2 == 0:
    print("{}是偶数！".format(a))
else:
    print("{}是奇数！".format(a))
```

【运行结果 1】

```
请输入一个整数：25
25 是奇数！
```

【运行结果 2】

```
请输入一个整数：36
36 是偶数！
```

在 Python 语言中，if-else 双分支结构还可以使用更简洁的表达形式，其格式如下。

```
语句 1 if 表达式 else 语句 2
```

当表达式的值为真时，执行语句 1，否则执行语句 2。例 3-6 可以改写为以下形式。

```python
# 判断一个数是奇数还是偶数
a = int(input("请输入一个整数："))
print("{}是偶数！".format(a)) if a%2==0 else print("{}是奇数！".format(a))
```

3.2.3　多分支结构：if-elif-else 语句

无论是单分支结构还是双分支结构，都只能针对一个条件进行判断，根据条件结果选择程序的执行路径。在实际问题中，往往需要针对多种情况、多种条件进行判断，根据条件的不同，可选择的执行路径也有多条，这时就用到了多分支结构。

Python 语言使用 if-elif-else 语句实现多分支结构，如图 3-3 所示，其语法格式如下。

```
if 表达式 1:
    语句块 1
elif 表达式 2:
    语句块 2
elif 表达式 3:
    语句块 3
    ……
else:
    语句块 n
```

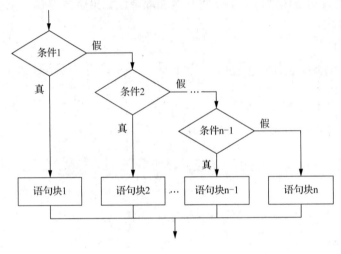

图 3-3　多分支结构

当执行 if-elif-else 语句时，首先计算条件 1 中表达式的值，如果值为真，则执行语句块 1，执行完语句块 1 后退出 if-elif-else 语句，if-elif-else 语句执行结束；如果条件 1 中表达式的值为假，则计算条件 2 中表达式的值，如果值为真，则执行语句块 2，执行完语句块 2 后退出 if-elif-else 语句，if-elif-else 语句执行结束；如果条件 2 中表达式的值为假，则计算条件 3 中表达式的值，如果值为真，则执行语句块 3，执行完语句块 3 后退出 if-elif-else 语句，if-elif-else 语句执行结束……以此类推，当 else 前面所有表达式的值都为假时，则执行 else 后面的语句块 n，执行完语句块 n 后退出 if-elif-else 语句，if-elif-else 语句执行结束。

【说明】

1）无论程序中有多少个分支，一旦执行了某个分支，则结束 if-elif-else 语句，其余分支不再执行。

2）elif 分支可以根据需要设置任意多个，没有数量限制。

3）else 后面没有表达式，当 else 前面的所有表达式均为假时，执行 else 后面的语句块。

4）else 及其后的语句块可以省略。

例 3-7　体重指数（body mass index，BMI）是国际上常用的衡量人体胖瘦程度及是否健康的一个标准，其计算公式为 BMI=体重（kg）/身高^2（m^2）。

男性标准 BMI 数值如下：小于 20 表示过轻，［20，25）表示正常，［25，30）表示偏胖，［30，35）表示肥胖，大于 35 表示过于肥胖。

编程实现 BMI 计算器，要求根据输入男性的身高和体重计算 BMI 并输出。

【参考代码】

```
# BMI 计算器
height = eval(input("请输入您的身高（米）: "))
weight = eval(input("请输入您的体重（千克）: "))
BMI = weight/(height*height)
print("您的体重指数（BMI）为: {:.1f}".format(BMI))
if BMI < 20:
    print("您的体形过轻，请适量增加饮食，多运动! ")
elif 20 <= BMI < 25:
    print("您的体形正常，请继续保持，多运动! ")
elif 25 <= BMI < 30:
    print("您的体形偏胖，请注意饮食，多运动! ")
elif 30 <= BMI < 35:
    print("您的体形肥胖，请节食，多运动! ")
else:
    print("啥也不说了，去运动吧! ")
```

【运行结果】

```
请输入您的身高（米）: 1.83
请输入您的体重（千克）: 82.3
您的体重指数（BMI）为: 24.6
您的体形正常，请继续保持，多运动!
```

【思考】

根据前面介绍的 if-elif-else 语句执行过程，elif 后面的表达式是否可以简化，使程序更加简洁？

3.2.4　if 语句的嵌套

在前面介绍的 3 种选择结构中，语句块本身也可以是一种选择结构，这就构成了 if 语句的嵌套结构。

例 3-8　按性别判定 BMI。标准 BMI 见表 3-4。

表 3-4　标准 BMI

标准	男性	女性
过轻	<20	<19
正常	［20，25）	［19～24）
偏胖	［25，30）	［24～29）
肥胖	［30，35）	［29～34）
过于肥胖	>35	>34

【参考代码】

```
# BMI 计算器
gender = input("请输入性别：")
height = eval(input("请输入您的身高（米）："))
weight = eval(input("请输入您的体重（千克）："))
BMI = weight/(height*height)

if gender == "男":
    print("您的性别为：{}，体重指数（BMI）为：{:.1f}".format(gender,BMI))
    if BMI < 20:
        print("您的体形过轻，请适量增加饮食，多运动！")
    elif BMI < 25:
        print("您的体形正常，请继续保持，多运动！")
    elif BMI < 30:
        print("您的体形偏胖，请注意饮食，多运动！")
    elif BMI < 35:
        print("您的体形肥胖，请节食，多运动！")
    else:
        print("啥也不说了，去运动吧！")
elif gender == "女":
    print("您的性别为：{}，体重指数（BMI）为：{:.1f}".format(gender,BMI))
    if BMI < 19:
        print("您的体形过轻，请适量增加饮食，多运动！")
    elif BMI < 24:
        print("您的体形正常，请继续保持，多运动！")
    elif BMI < 29:
        print("您的体形偏胖，请注意饮食，多运动！")
    elif BMI < 34:
        print("您的体形肥胖，请节食，多运动！")
    else:
        print("啥也不说了，去运动吧！")
else:
    print("性别输入错误！")
```

【运行结果 1】

> 请输入性别：男
> 请输入您的身高（米）：1.85
> 请输入您的体重（千克）：86
> 您的性别为：男，体重指数（BMI）为：25.1
> 您的体形偏胖，请注意饮食，多运动！

【运行结果 2】

> 请输入性别：女
> 请输入您的身高（米）：1.68
> 请输入您的体重（千克）：53
> 您的性别为：女，体重指数（BMI）为：18.8
> 您的体形过轻，请适量增加饮食，多运动！

【运行结果 3】

> 请输入性别：难
> 请输入您的身高（米）：1.80
> 请输入您的体重（千克）：75
> 性别输入错误！

选择结构的嵌套可以有多种形式，以上 3 种结构可以相互嵌套。在编写程序时，可以根据需要选择合适的嵌套方式，但是一定要根据逻辑关系严格控制好不同级别代码块的缩进量。

3.3 》 循 环 结 构

在许多问题中，常常需要将某个程序段反复执行多次，如果在这类程序中安排多个重复的语句序列，则会使程序冗长并浪费计算机的存储空间。为了解决这个问题，Python使用循环语句来实现程序段的反复执行，从而简化程序结构，节省计算机的存储空间。在循环结构中，需要反复执行的语句称为循环体。循环结构是结构化程序设计的 3 种基本结构之一，和顺序结构、选择结构一起构成了复杂的程序。

在 Python 中，有两种类型的循环语句：for 语句和 while 语句。

3.3.1 for 语句

for 语句使用一个迭代器来描述其循环体的重复执行方式，通常适用于枚举或遍历序列，以及迭代对象中的元素，流程图如图 3-4 所示。

for 语句的语法格式如下。

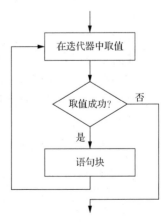

图 3-4 for 语句循环

```
for 迭代变量 in 迭代器:
    循环体
```

其中，for 和 in 是关键字；迭代器中是要遍历或迭代的对象，可以是有序的序列对象，如字符串、列表和元组等；迭代变量用于保存从迭代器中读取的值；循环体是一组被重复执行的语句块。循环体是 for 语句的下一层成分，因此要缩进，且循环体内各语句的缩进量要相同。

例 3-9 使用 for 语句求 1～10 中所有数的累加和。

【参考代码】

```
#计算 1～10 的累加和
sum = 0
for i in range(1,11):
    sum += i
print("sum=",sum)
```

【运行结果】

```
sum= 55
```

range()函数是 Python 语言中的一个内置函数，调用该函数返回的是一个可迭代对象。range()函数的使用方式有以下几种。

1）range(n)。返回一个迭代序列 0、1、2、…、n-1。当 n≤0 时，返回序列为空。例如，range(5)的返回序列为 0、1、2、3、4。

2）range(m,n)。返回一个由 m 到 n-1 的迭代序列 m、m+1、m+2、…、n-1，这里 m<n。当 m≥n 时，返回序列为空。

3）range(m,n,d)。当 m<n 且 d>0 时，返回一个由 m 到 n-1、步长为 d 的递增迭代序列；当 m>n 且 d<0 时，返回一个由 m 到 n+1、步长为|d|的递减迭代序列；否则，返回的迭代序列为空。

在例 3-9 中，变量 sum 作为一个累加器，用于存储计算结果。循环体每执行一次，i 依次取 1～10 的一个整数，并且累加到变量 sum 中，直到循环结束。

例 3-10 使用 for 语句求 1～100 中所有的奇数和与偶数和。

【问题分析】

在例 3-6 中介绍了如何使用选择结构判断一个整数是奇数还是偶数，把选择结构引入循环结构中，每次循环时做出判断，分别求出奇数和与偶数和。

【参考代码】

```
#计算 1～100 中的奇数和与偶数和
odd_sum = 0
even_sum = 0
for i in range(1,101):
    if i%2 == 1:
        odd_sum += i
```

```
    else:
        even_sum +=i
print("100 以内所有的奇数和为：",odd_sum)
print("100 以内所有的偶数和为：",even_sum)
```

【运行结果】

```
100 以内所有的奇数和为： 2500
100 以内所有的偶数和为： 2550
```

例 3-10 在循环结构中嵌套了选择结构，注意在编写程序时需要使用缩进来明确语句之间的逻辑层次关系。

3.3.2　while 语句

与 for 语句不同，while 语句是通过一个条件来循环的。

while 语句的语法格式如下。

```
while 条件表达式：
    循环体
```

程序执行 while 循环时，先判断 while 后面的条件表达式的值，如果为真，则执行循环体；执行完循环体后，重新判断条件表达式的值，如果还为真，则继续执行循环体，并在执行完循环体后重新判断条件表达式的值，如此反复执行，直到条件表达式的值为假时，退出循环，如图 3-5 所示。

例 3-11　使用 while 语句求 1～100 中所有的奇数和。

【问题分析】

筛选 100 以内的奇数可以采用例 3-10 中除 2 求余的方式，也可以通过设定初始值 1，之后每次循环增加步长 2 来遍历 100 以内的所有奇数。

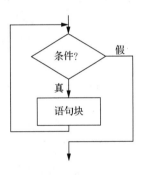

图 3-5　while 语句循环

【参考代码】

```
#使用 while 语句计算 1～100 中的奇数和
sum = 0
i = 1
while i<=100:
    if i%2 == 1:
        sum += i
    i += 1
print("100 以内所有的奇数和为：",sum)
```

【运行结果】

```
100 以内所有的奇数和为： 2500
```

在 while 语句中，循环体内需要有改变条件表达式的语句，如本例中的 i+=1，使循环在执行若干次后条件表达式的值变为假，从而退出循环，否则可能会因为条件表达式的值永远为真而形成"死循环"。

循环体中也可以使用以下代码。

```
while i<=100:
    sum += i
    i += 2
```

3.3.3 break 语句

break 语句的作用是终止当前循环。在 for 语句和 while 语句中，如果想在循环条件仍然满足时提前结束循环，或者在循环体仅执行了一部分时结束循环，则可以使用 break 语句实现。

例 3-12　今有一小于 100 的整数不知其值，三三数之余二，五五数之余三，七七数之余二，问几何？编写程序求解该数。

【参考代码】

```
# break 语句示例
for i in range(100):
    if i%3 == 2 and i%5 == 3 and i%7 == 2:
        print("此数为: ",i)
        break
```

【运行结果】

```
此数为: 23
```

通常情况下，break 语句会结合 if 语句使用，表示在满足某个条件时跳出循环。

3.3.4 continue 语句

continue 语句的作用是结束本次循环进入下一次循环。当执行 continue 语句时，循环体内 continue 语句后面的语句不再执行，而是直接进入下一次循环。

例 3-13　编写程序计算 1~100 之间所有不是 5 的倍数的数之和。

【参考代码】

```
# continue 语句示例
sum = 0
for i in range(101):
    if i%5 == 0:
        continue
    sum += i
print("1~100 之间所有不是 5 的倍数的数之和为: ",sum)
```

【运行结果】

```
1~100 之间所有不是 5 的倍数的数之和为: 4000
```

当 i 的值是 5 的倍数时，条件表达式 i%5 == 0 为真，程序执行 continue 语句，这时 continue 语句后面的 sum += i 不再被执行，程序直接进行下一次循环。

同 break 语句一样，通常情况下，continue 语句也可结合 if 语句使用。

3.3.5　循环中的 else 语句

在 Python 中，循环的退出有两种方式：一种是循环正常结束，即循环条件不成立或序列遍历结束；另一种是提前退出，即在执行循环体过程中遇到了 break 语句。在实际问题中，两种不同的退出方式往往意味着后面程序需要执行两种不同的操作，在 Python 语言中，for 语句和 while 语句后面可以带有 else 子句，对两种不同的循环方式进行不同的处理。

【else 子句示例 1】

```
for i in range(1,6):
    print(i,end=" ")
else:
    print("循环正常结束！")
```

【运行结果】

```
1 2 3 4 5 循环正常结束！
```

【else 子句示例 2】

```
for i in range(1,6):
    print(i,end=" ")
    if i>3:
        break
else:
    print("循环正常结束！")
```

【运行结果】

```
1 2 3 4
```

如果循环是因为序列遍历结束或条件表达式不成立而正常退出循环，则执行 else 语句；如果循环是因为执行 break 语句而导致循环提前退出，则不执行后面的 else 语句。

对比上面两个示例可以看出：else 子句示例 1 中由于序列遍历结束，循环正常退出，else 语句被执行；else 子句示例 2 中，程序由于执行了 break 语句而导致循环提前退出，else 语句不会被执行。

以上情况同样适用于 while 语句。

3.3.6　循环嵌套

在 Python 语言中，在一个循环体内可以嵌入另一个完整的循环，称为嵌套循环。内层循环还可以包含新的循环，形成多重嵌套循环结构。

例 3-14 输出 5 行由 "*" 组成的图形，每行 10 个 "*"。
【参考代码】

```python
#输出由"*"组成的图形
for i in range(5):
    for j in range(10):
        print("*",end = " ")
    print()
```

【运行结果】

```
* * * * * * * * * *
* * * * * * * * * *
* * * * * * * * * *
* * * * * * * * * *
* * * * * * * * * *
```

3.4 » 应 用 举 例

例 3-15 猜数字游戏：在指定范围（如 1～1000）内随机指定一个数字，由用户猜这个数字，程序根据用户的猜测结果给出反馈信息，如"猜大了"或"猜小了"，直到用户猜到正确答案为止，程序给出确认信息和猜测次数。

【问题分析】

判断用户是否猜中答案，可以通过一个单分支结构来实现。

```python
target = 78  #先给定一个值
guess = int(input("请输入你要猜的数字（1～1000）: "))
if guess == target:
    print("恭喜你猜对了！")
```

上述程序只考虑了一种情况，即猜对答案，如果猜测错误则程序没有反应。我们可以增加一个分支，无论猜测正确与否都给出相应的反馈。

```python
target = 78  #先给定一个值
guess = int(input("请输入你要猜的数字（1～1000):"))
if guess == target:
    print("恭喜你猜对了！")
else:
    print("猜错了，继续努力！")
```

上述程序虽然给出了两种不同的反馈信息，但是对于猜测错误这一情况，并没有给出有效的反馈信息。不是简单地给出反馈信息，而是应该使用户能够根据反馈信息确定下一步的猜测方向，我们可以在上述程序的基础上通过增加一个嵌套 if 语句结构来实现这一功能。

```
target = 78   #先给定一个值
guess = int(input("请输入你要猜的数字（1～1000）："))
if guess == target:
    print("恭喜你猜对了！")
else:
    if guess > target:
        print("猜大了！")
    else:
        print("猜小了！")
```

或者可以通过多分支结构来实现。

```
target = 78   #先给定一个值
guess = int(input("请输入你要猜的数字（1～1000）："))
if guess == target:
    print("恭喜你猜对了！")
elif guess > target:
    print("猜大了！")
else:
    print("猜小了！")
```

在上述程序的基础上，加入循环结构，还可以实现多轮互动，让游戏更加完整。此外，谜底也可以使用随机函数随机产生，而不是给定一个固定的数字。

【参考代码】

```
import random
target = random.randint(1,1000)
count = 0
found = False
while not found:
    guess = int(input("请输入你要猜的数字（1～1000）："))
    count += 1
    if guess == target:
        print("恭喜你猜对了！共猜测{}次。".format(count))
        found = True
    elif guess > target:
        print("猜大了！")
    else:
        print("猜小了！")
```

【运行结果】

```
>>>
请输入你要猜的数字（1～1000）：500
猜大了！
请输入你要猜的数字（1～1000）：250
```

```
猜小了！
请输入你要猜的数字（1～1000）：375
猜小了！
请输入你要猜的数字（1～1000）：438
猜大了！
请输入你要猜的数字（1～1000）：406
猜大了！
请输入你要猜的数字（1～1000）：390
猜小了！
请输入你要猜的数字（1～1000）：397
猜小了！
请输入你要猜的数字（1～1000）：401
恭喜你猜对了！共猜测 8 次。
```

习　题

1. 下列语句在 Python 中属于非法的是（　　　）。

　　A．a = b = c = 1

　　B．m += n

　　C．s,t = t,s

　　D．x = (y = z + 3)

2. 在 Python 中，（　　　）用来判断当前程序位于分支结构中。

　　A．大括号

　　B．缩进

　　C．括号

　　D．冒号

3. 编写程序，输入一个 4 位的正整数，将其翻转后输出，如输入 1234，则输出 4321。

4. 编写程序，输入一个数字，当其为 0～6 之间的整数时，输出对应的星期：Sunday、Monday、Tuesday、Wednesday、Thursday、Friday、Saturday。当输入的数字是其他整数时，输出 error。

5. 编写程序，输入出生年份和属相，已知 1996 年为鼠年。

6. 编写程序，输出斐波那契序列的第 30 项。

7. 按照现行历法每四年一闰，逢百年不闰，逢四百年再闰。也就是说：当年数是 4 的倍数且不是 100 的倍数，或者年数是 400 的倍数时，是闰年；其余的均为平年。请编写程序，输出 2000～3000 年间的所有闰年。

8. 水仙花数是指一个 3 位数，它的每个位上的数字的 3 次幂之和等于它本身。请编写程序，输出所有的水仙花数。

第 4 章 函 数

函数是一个能完成某个独立功能的程序模块，用于将复杂问题分解为若干子问题，并逐个解决。在程序设计中引入函数的作用主要有两个：一是把一个复杂的程序分解成若干个功能相对独立的小模块，以便于阅读和理解；二是将功能相同、数据不同却需要反复编写多次的代码独立出来写出函数，避免代码的重复，优化程序结构，从而提高程序开发的效率。

本章重点介绍函数的创建和调用、参数传递、变量的作用域等内容。

4.1 》函数的创建和调用

在 Python 中，函数的应用非常广泛，如 print()函数、abs()函数等，这些都是 Python 内置的标准函数，可以直接使用。除标准函数外，Python 还支持标准库函数、第三方库函数和用户自定义函数。本章将详细讲解用户自定义函数的创建和使用方法。

4.1.1 创建函数

创建函数也称为定义函数，在 Python 中使用 def 关键字来创建函数。创建函数的语法格式如下。

```
def 函数名([形式参数列表]):
    ['"函数文档字符串"']
    函数体
```

【说明】

1）定义函数时使用关键字 def。

2）函数名在调用函数时使用。

3）形式参数列表用于向函数中传递参数，如果有多个参数，则各参数之间使用逗号分隔。即使函数没有参数，也必须保留一对空的小括号。

4）函数文档字符串为可选项，函数文档字符串使用三引号括起来，可以自动生成在线文档或打印版文档。

5）函数体是指函数被调用后要执行的功能代码。如果函数有返回值，则可以使用 return 语句返回。

6）函数文档字符串和函数体部分相对于 def 关键字必须保持一定的缩进。

例如，定义一个简单函数 sum(a,b)，求 a、b 两数之和。

```
def sum(a,b):
    '''求 a，b 两个数的和'''
```

```
c = a + b
return c
```

运行上述代码，将不会显示任何结果，因为 sum()函数没有被调用。

4.1.2 调用函数

调用函数也称为执行函数，调用函数的基本语法格式如下。

```
函数名([实际参数列表])
```

【说明】

1）要调用的函数必须是已经创建好的。

2）实际参数列表用于向函数传递实际数据。实际参数列表必须与函数定义时的形式参数列表一一对应。即使函数没有参数，函数名后的小括号也必须保留，不能省略。

3）函数没有返回值时，可以单独作为表达式语句使用；如果函数有返回值，则可以在表达式中使用。

例 4-1 定义并调用函数，计算 1～100 的累加和。

【参考代码】

```
#计算 1～100 的累加和
def cumu():
    sum = 0
    for i in range(1,100):
        sum += i
    print("sum=",sum)
cumu()
```

【运行结果】

```
sum= 5050
```

上述代码中：第 1 行为注释，说明函数的功能；第 2～6 行为函数定义，实现计算 1～100 的累加和的功能；最后一行为函数调用。

调用函数时，函数把实际参数引入被调用函数的局部符号表中，因此，实际参数是通过按值调用传递的。

函数定义在当前符号表中把函数名与函数对象关联在一起。解释器把函数名指向的对象作为用户自定义函数。

4.2 》参 数 传 递

在大多数情况下，在调用函数时主调函数和被调用函数之间有数据传递关系，这就是有参数的函数形式。参数的作用是传递数据给函数使用，函数利用接收的数据进行具体的操作处理。

4.2.1 形参和实参

在使用函数时,经常会用到形式参数(简称形参)和实际参数(简称实参),二者都称为参数,它们之间的区别如下。

1)形参:在定义函数时,函数名后面括号中的参数称为形参。例如:

```
#定义函数时,这里的函数参数 obj 就是形参
def demo(obj):
    print(obj)
```

2)实参:在调用函数时,函数名后面括号中的参数称为实参,也就是函数的调用者给函数的参数。例如:

```
a = "http://www.hebut.edu.cn"
#调用已经定义好的 demo 函数,此时传入的函数参数 a 就是实参
demo(a)
```

4.2.2 默认值参数

默认值参数是指在调用函数时使用的一些包含默认值的参数。在 Python 语言中,定义函数时可设置一些可选参数。在调用函数时,如果没有给这些可选参数传入对应的实参值,则使用定义函数时系统指定的默认值。例如:

```
def power(x, y=2):  #函数的第二个参数指定了默认值
    s = 1
    while(y > 0):
        y -= 1
        s *= x
    return s
print(power(3))      #调用函数时,未给第二个参数传递值
print(power(2, 3))   #调用函数时,两个参数都传递了实际值
```

以上代码定义了一个求 x 的 y 次幂的函数,如果省略参数 y,则计算 x 的平方。在第一次调用 power()函数时,只向函数传递了第一个参数,则第二个参数取默认值 2。

4.2.3 名称传递参数

名称传递参数又称为关键字参数。在调用函数时,实参按照函数定义时的形参次序对应位置传递参数,称为位置参数。在传递位置参数时,如果实参传递位置与形参未对应,则参数执行会发生错误。名称传递参数是通过名称指定传入的参数,允许函数调用时参数的顺序与定义时不一致,这是因为 Python 解释器能够使用参数名来匹配参数值。采用名称传递参数具有 3 个优点:参数意义明确;传递的参数与顺序无关;若存在多个参数,则可以选择指定某个参数值。

例 4-2 根据权重，计算基于平时成绩和期末考试成绩的期末总成绩。

【参考代码】

```
#根据权重，计算基于平时成绩和期末考试成绩的期末总成绩
def comScore(usual_score, final_score,rate = 0.3):
    score = usual_score * rate + final_score * (1 - rate)
    return score
print(comScore(95,89))
print(comScore(usual_score = 95, final_score = 89, rate = 0.4))
print(comScore(rate = 0.4, final_score = 89, usual_score = 95))
```

【运行结果】

```
90.8
91.4
91.4
```

上述程序中，第一次调用函数采用的是按位置顺序传递参数，第二次和第三次调用函数采用的是按名称传递参数，两次调用是等价的。

4.3 》返 回 值

在 Python 中，可以在函数体内使用 return 语句为函数指定返回值，该返回值可以是任意类型，并且无论 return 语句出现在函数的什么位置，只要得到执行，就会立即结束函数的执行。

return 语句的语法格式如下。

```
return [返回值]
```

为函数指定返回值后，在调用函数时，可以将其赋值给一个变量，用于保存函数的返回值。此外，Python 语言支持一个函数同时返回多个值，返回多个值时会返回一个元组。

例 4-3 编写函数，实现求两个数的和与积。

【参考代码】

```
#return 返回多个值
def calmul(a, b):
    c = a + b
    m = a * b
    return (c,m)
s = eval(input("请输入第一个数: "))
t = eval(input("请输入第二个数: "))
x, y = calmul(s, t)
print("两数之和为: ", x)
```

```
print("两数之积为：", y)
```

【运行结果】

```
请输入第一个数：12.3
请输入第二个数：52.1
两数之和为： 64.4
两数之积为： 640.83
```

4.4 》 变量的作用域

　　程序中的变量并不是在任何位置都可以被访问的，变量的作用域是指变量的有效范围，即程序代码能否访问该变量的区域，如果超出了这个区域，则访问变量时会出现错误。变量的作用域由变量的定义位置决定，在不同位置定义的变量，其作用域是不一样的。本节将介绍两种基本的变量作用域：局部变量和全局变量。

4.4.1　局部变量

　　在函数内部定义的变量，其作用域也仅限于函数内部，函数之外不能被访问，这种变量称为局部变量。

　　当函数被执行时，Python 会为其分配一块临时的存储空间，所有在函数内部定义的变量，都会存储在这块存储空间中。在函数执行完毕后，这块临时存储空间随即会被释放并回收，该空间中存储的变量自然也就无法再被使用。

```
>>> def fun():
    a = 5
    return a*10

>>> fun()
50
>>> print(a)
Traceback (most recent call last):
  File "<pyshell#8>", line 1, in <module>
    print(a)
NameError: name 'a' is not defined
```

　　在函数 fun()中定义变量 a，调用函数时返回 a*10 的结果 50。但是，在执行 print(a)时，程序执行出现了错误"NameError: name 'a' is not defined"。这是因为变量 a 是在 fun()函数中被创建的，它的作用域仅限于该函数内部，在函数外不能访问该变量。

4.4.2　全局变量

　　除了在函数内部定义变量，Python 还允许在所有函数的外部定义变量，这样的变量称为全局变量。与局部变量不同，全局变量的默认作用域是整个程序，即全局变量既可以在各函数的外部使用，也可以在各函数的内部使用。

全局变量的使用有以下两种情况。

1. 在函数外部定义变量

该变量既可以在函数外部访问，也可以在函数内部访问。

```
#全局变量示例
def fun():
    return a*10


a = 5
print(fun())
print(a)
```

【运行结果】

```
50
5
```

程序中，在函数之外创建了变量 a，a 为全局变量，访问范围为整个程序。

当程序中出现同名的全局变量和局部变量时，程序会怎么处理呢？

```
#全局变量与局部变量同名
def fun():
    a = 10
    print("函数内部变量: a =",a)
    return a*10


a = 5
print("函数计算结果: ",fun())
print("函数外部变量: a =",a)
```

【运行结果】

```
函数内部变量: a = 10
函数计算结果: 100
函数外部变量: a = 5
```

程序中，在函数外部和内部同时创建了两个同名的变量 a，虽然两个变量的名称一样，但是它们有着不同的作用域，函数内部的 a 是局部变量，函数外部的 a 是全局变量。当出现这种情况时，Python 语言的解释器遵循"局部优先"原则，局部变量屏蔽全局变量，即：函数内部的 print()函数中的 a 取值为 10，而不是 5；函数外部的 print()函数中的 a 取值为 5。

2. 在函数内部使用 global 声明全局变量

上述示例中，如果需要在函数内部访问全局变量，则可以使用 global 声明全局变量。

```
#使用global在函数内部定义全局变量
def fun():
    global a
    a = 10
    print("函数内部变量：a =",a)
    return a*10

a = 5
print("函数计算结果：",fun())
print("函数外部变量：a =",a)
```

【运行结果】

```
函数内部变量：a = 10
函数计算结果：100
函数外部变量：a = 10
```

上述程序中，由于 fun()函数内部使用了"global a"定义了全局变量，所以函数内部访问的变量 a 是全局变量。

4.5 》 lambda()函数

lambda()函数又称为匿名函数，它不需要定义函数名，可以快速简单地创建一个函数对象，并且可以作为函数参数和返回值来使用。如果一个函数比较简单仅包含一行表达式，则可以使用 lambda()函数来定义，这样的函数通常情况下只使用一次。

lambda()函数的定义语法格式如下。

```
lambda 参数1, 参数2, …: <函数语句>
```

使用 lambda()函数定义函数时，参数可以有一个或多个，参数间用逗号","分隔；函数语句只能是一个表达式，该表达式的结果为函数的返回值。

例如：

```
f = lambda x: x**2
```

这个 lambda()函数有一个参数 x，它的表达式是 x 的平方。

调用 lambda()函数的方法与调用普通函数的方法相同，直接使用函数名加上参数列表来调用即可。

```
result = f(2)
print(result)
```

这里调用 lambda()函数 f，传入参数 2，计算出结果为 4，并将结果输出。

例 4-4 编写函数，计算圆的面积。

【参考代码】

```
#计算圆的面积
import math
def area(r):
    s = math.pi * r * r
    return s


r = 10
print("半径为{}的圆的面积为：{}".format(r,area(r)))
```

【运行结果】

```
半径为 10 的圆的面积为：314.1592653589793
```

上述程序中，计算圆的面积时可以用一条语句来表示，即 "s = math.pi * r * r"，因此程序中的函数可以使用 lambda()函数进行定义，代码如下。

```
#lambda()函数
import math
r = 10
s = lambda r: math.pi * r * r
print("半径为{}的圆的面积为：{}".format(r,s(r)))
```

由此可见，相对于普通函数，lambda()函数省去了使用 def 定义函数的步骤，更加简洁方便。

4.6 递 归 函 数

递归是一种通过递归调用函数自身来解决问题的方法，是一种很常用的计算机编程技巧，尤其在 Python 中，其使用十分简单和灵活。在递归函数中，每次调用时都会传入一个参数，这个参数是上一次递归调用的结果，当满足某种特定条件时，递归会停止。

例如，阶乘的定义如下：n! = n(n−1)(n−2)(n−3)···(1)。

也可以表示为

$$n! = \begin{cases} 1, & n = 0 \\ n(n-1)!, & n \geqslant 1 \end{cases}$$

在数学定义中，0 的阶乘是 1，大于 0 的数的阶乘可以用这个数乘以比这个数小 1 的数的阶乘表示，即对于计算 n!的问题，可以分解为 n!=n(n−1)!。分解后的子问题(n−1)! 与原问题 n!有着相同的特性和解法，只是规模相较于原问题有所减小。同样，(n−1)!这个子问题又可以进一步分解为(n−1)(n−2)!，(n−2)!可以进一步分解为(n−2)(n−3)!……依此递归，每次递归都会计算比它更小数的阶乘，直到 0!。0!是已知的值，被称为递归的基例。当递归到底时，就需要一个能直接算出值的表达式。

例 4-5　使用递归方法求解 n!。

【参考代码】

```
#使用递归方法求 n 的阶乘
def factorial(n):
    if n == 0:
        return 1
    else:
        return n*factorial(n-1)

print("{}!=".format(5),factorial(5))    #调用函数计算并输出 5 的阶乘
```

【运行结果】

```
5!= 120
```

factorial(5)的计算过程如下。

```
factorial(5)
=>5 * factorial(4)
=>5 * 4 * factorial(3)
=>5 * 4 * 3 * factorial(2)
=>5 * 4 * 3 * 2 * factorial(1)
=>5 * 4 * 3 * 2 * 1 * factorial(0)
=>5 * (4 * (3 * (2 * (1 * (1)))))
=>5 * (4 * (3 * (2 * (1 * 1))))
=>5 * (4 * (3 * (2 * 1)))
=>5 * (4 * (3 * 2))
=>5 * (4 * 6)
=>5 * 24
=>120
```

其中，2～6 行是逐层调用的过程，7～12 行是逐层返回的过程。

例 4-6　使用递归方法求解最大公约数。

【问题分析】

最大公约数是指两个或多个整数公约数中最大的一个。求两个数的最大公约数可以采用欧几里得算法（辗转相除法），具体步骤如下。

1）假设有两个数 a、b，令 a>b，将 a 对 b 取余，令余数为 r。

2）若 r = 0，则 b 即为所求的最大公约数；若 r ≠ 0，则令 a = b、b = r，再次将 a 对 b 取余，直到所得余数为 0，则最后的 b 即为所求的最大公约数。

【参考代码】

```
#使用递归方法求最大公约数
def gcd(a, b):
    if b == 0:
        return a
    else:
        return gcd(b, a%b)
```

在这个函数中：如果 b=0，那么 a 就是最大公约数，所以返回 a；否则，继续递归求解 b 和 a%b 的最大公约数。

递归函数通常包含一个基本终止条件和一个递归条件。基本终止条件是指函数在某个特定情况下停止递归调用（如例 4-5 中的 n==0）以避免无限递归，而递归条件是指函数调用自身以解决更小的问题。

采用递归方法求解问题的优点如下。

1）代码易于理解，易于维护，可读性高。

2）代码简单，少量代码就可以实现复杂的操作。

3）代码重用性高，可以将一些常见的操作放入函数中以便多次使用。

在 Python 中，递归方法是解决许多问题的良好方法。程序员可以通过递归方法轻松地实现复杂功能，并使代码增加可读性和可维护性。

虽然递归有着诸多优点，但需要说明的是，Python 语言对递归的支持非常有限。一方面，在设计递归函数时，必须考虑递归深度和工作原理，因为一些编程语言对递归的深度和工作方式进行限制，特别是在处理大量数据时，递归也可能导致堆栈溢出。另一方面，需要考虑效率问题，递归函数的效率可能会非常低，因为它的调用会占用大量的内存和处理器时间，所以建议尽量减少使用递归。如果想用递归解决问题，首先要考虑它是不是能方便地使用循环来替代，如果答案是肯定的，那么就用循环来改写。

习　　题

1．使用函数的优点是什么？如何定义一个函数？如何调用一个函数？

2．在函数调用时，参数是如何传递的？

3．return 语句的作用是什么？

4．编写一个函数，输出 100 以内的所有素数，并以逗号分隔。

5．编写一个函数，计算一个整数的各位上的数字之和，调用该函数，根据输入的数据计算结果并输出。

6．编写一个函数，计算输入的字符串中数字、字母、空格及其他字符的个数。

7．编写一个函数，接收一个字符串作为参数，返回字符串中出现次数最多的字符。

8．编写一个函数，实现求斐波那契序列第 n 项的值。

第 5 章 组合数据类型

通过前面章节的学习，读者掌握了 Python 基本数据类型，但在解决实际问题时基本数据类型处理批量数据具有一定的局限性，Python 可以把批量数据存储为组合数据类型，这样处理数据更方便快捷。组合数据类型又称为序列，它是 Python 中最基本的数据结构，其中常见的有列表、元组、字典和集合。本章介绍 Python 的组合数据类型的使用方法。

5.1 》列　　表

列表（list）用于存放一系列按照特定顺序排列的相关数据，以方便对这些数据进行处理。

5.1.1 列表的创建和删除

列表中的数据称为元素，将一组数据放在中括号"[ ]"中即定义了一个列表，列表中的元素使用逗号","分隔。下面介绍在 Python 语言中创建列表的几种方法。

1. 通过赋值运算符直接创建列表

通过赋值运算符直接创建列表的语法格式如下。

```
列表名 = [元素 1, 元素 2, 元素 3, …]
```

列表名必须符合 Python 语言中标识符的命名规则。列表中元素的数据类型可以不同，可以是整数、浮点数、字符串、列表等任何类型，并且没有个数限制。

例如，下面创建的列表都是合法的。

```
awards = ["国家最高科学技术奖", "国家自然科学奖", "国家技术发明奖"]
winner = ["黄旭华", "核潜艇专家", "国家最高科学技术奖", 2019]
num = [960, 34, 5000]
```

2. 创建空列表

在 Python 语言中，可以直接创建一个空列表，语法格式如下。

```
列表名 = [ ]
```

3. 创建数值列表

在 Python 语言中，数值列表的使用较广泛，创建数值列表时可以使用 list()函数将

range()函数返回的结果直接转换为列表。

```
>>> list(range(10))        # 创建一个数值列表
[0, 1, 2, 3, 4, 5, 6, 7, 8, 9]
>>> list(range(1,10,2))    #创建一个列表，列表元素为10以内的奇数
[1, 3, 5, 7, 9]
```

4. 删除列表

当列表不再使用时，可以使用 del 语句删除列表。删除列表的语法格式如下。

```
del 列表名
```

例如，创建一个列表 a，再将其删除。

```
>>> a = [2,3]
>>> del a
```

Python 语言中的垃圾回收机制可以自动销毁不再使用的列表，因此在程序设计时，通常不再手动删除列表，而是由 Python 自动回收。

5.1.2　列表元素的操作

1. 访问列表的值

列表中每个元素都对应一个位置编号，称为索引，列表可以通过索引来访问元素，其语法格式如下。

```
列表名[索引]
```

列表元素的索引访问方式和字符串一样，也具有正向和反向两种访问方式。

```
>>> winners = ["王泽山", "侯云德", "刘永坦", "钱七虎", "黄旭华", "曾庆存"]
>>> winners[4]
'黄旭华'
>>> winners[-2]
'黄旭华'
```

例 5-1　输入获奖年份，输出国家最高科学技术奖获奖科学家的名字。

2016 年：赵忠贤、屠呦呦。

2017 年：王泽山、侯云德。

2018 年：刘永坦、钱七虎。

2019 年：黄旭华、曾庆存。

【问题分析】

输入的年份为整数，需要将年份转换为列表的索引。另外，每个年份对应两个获奖科学家，需要连续输出两个元素。

【参考代码】

```
#根据年份获取获奖科学家的名字
winners = ["赵忠贤", "屠呦呦", "王泽山", "侯云德", "刘永坦", "钱七虎",
          "黄旭华","曾庆存"]
year = int(input("请输入获奖年份: "))
idx = (year - 2016) * 2
print("{}年获得国家最高科学技术奖的是: {}、{}".format(year,winners[idx],
    winners[idx+1]))
```

【运行结果】

```
请输入获奖年份: 2017
2017 年获得国家最高科学技术奖的是: 王泽山、侯云德
```

同字符串一样，也可以对列表进行切片处理，切片格式与字符串相同。

例 5-1 中的 print()语句也可改写为如下语句。

```
print("{}年获得国家最高科学技术奖的是: {}".format(year, winners[idx:
    idx+2]))
```

2. 修改元素

列表创建后，允许对列表元素进行修改，其语法格式如下。

```
列表名[索引] = 新值
```

例如：

```
>>> winner = ["程开甲", "核武器技术专家，两弹一星元勋", "国家最高科学技术奖",
            2019]
>>> winner
['程开甲', '核武器技术专家，两弹一星元勋', '国家最高科学技术奖', 2013]
>>> winner[-1] = 2013
>>> winner
['程开甲', '核武器技术专家，两弹一星元勋', '国家最高科学技术奖', 2013]
```

3. 增加元素

在 Python 语言中，增加列表元素时通常使用 append()方法和 insert()方法。

（1）append()方法

append()方法用于在列表尾部追加新元素，其语法格式如下。

```
列表名.append(新元素)
```

例如，列表 winners 中的元素为 2001—2003 年国家最高科学技术奖获奖者名单，用 append()方法在列表中追加 2005 年的获奖者名单。

```
>>> winners = ["王选", "黄昆", "金怡濂", "刘东生", "王永志"]
>>> winners
['王选', '黄昆', '金怡濂', '刘东生', '王永志']
>>> winners.append("叶笃正")
>>> winners
['王选', '黄昆', '金怡濂', '刘东生', '王永志', '叶笃正']
>>> winners.append("吴孟超")
>>> winners
['王选', '黄昆', '金怡濂', '刘东生', '王永志', '叶笃正', '吴孟超']
```

从上述代码及运行结果可以看出，append()方法会在列表的最后追加指定元素。

（2）insert()方法

与 append()方法不同，insert()方法可以在列表的指定位置添加新元素，其位置用索引表示。insert()方法的语法格式如下。

```
列表名.insert(索引，新元素)
```

例如，在获奖名单 winners 列表中添加 2000 年国家最高科学技术奖获奖名单，新添加的名单获奖年份更早，因此按照习惯应该写在前面，示例如下。

```
>>> winners
['王选', '黄昆', '金怡濂', '刘东生', '王永志', '叶笃正', '吴孟超']
>>> winners.insert(0, "袁隆平")
>>> winners
['袁隆平', '王选', '黄昆', '金怡濂', '刘东生', '王永志', '叶笃正', '吴孟超']
>>> winners.insert(1, "吴文俊")
>>> winners
['袁隆平', '吴文俊', '王选', '黄昆', '金怡濂', '刘东生', '王永志', '叶笃正',
'吴孟超']
```

新元素插入指定位置后，原位置及其后的所有元素顺次向后移一位，列表长度也增加 1。

4. 删除元素

在 Python 语言中，删除列表元素常用的方法有 del 命令、pop()方法和 remove()方法。

（1）del 命令

del 命令是 Python 语言的内置命令，可以通过索引删除列表中的指定元素。del 命令的语法格式如下。

```
del 列表名[索引]
```

例如：

```
>>> pm = ["中国", "俄罗斯", "美国", "法国", "英国", "日本", "德国"]
>>> pm
```

```
['中国', '俄罗斯', '美国', '法国', '英国', '日本', '德国']
>>> del pm[-1]
>>> pm
['中国', '俄罗斯', '美国', '法国', '英国', '日本']
```

（2）pop()方法

pop()方法通过索引从列表中删除指定元素，并且返回该元素，其语法格式如下。

```
列表名.pop(索引)
```

pop()方法与 del 命令的不同之处在于：pop()方法可以得到删除元素的返回值，可以通过变量保存这个返回值，以备后续使用。

```
>>> pm
['中国', '俄罗斯', '美国', '法国', '英国', '日本']
>>> npm = pm.pop(-1)
>>> print("{}不是常任理事国，已从列表中删除！".format(npm))
日本不是常任理事国，已从列表中删除！
```

（3）remove()方法

当列表中的元素过多时，确定元素的索引值就变得困难了，使用 del 命令和 pop()方法删除元素时需要确定索引值，一旦索引出错，程序执行就会出现错误结果。这时可以使用 remove()方法直接指定待删除的元素值，其语法格式如下。

```
列表名.remove(元素值)
```

例如：

```
>>> pm
['中国', '俄罗斯', '美国', '法国', '英国', '日本', '德国', '英国']
>>> pm.remove("日本")
>>> pm
['中国', '俄罗斯', '美国', '法国', '英国', '德国', '英国']
>>> pm.remove("英国")
>>> pm
['中国', '俄罗斯', '美国', '法国', '德国', '英国']
```

remove()方法可以通过元素值直接删除指定元素。当列表中出现两个元素值相同的情况时，remove()方法删除列表中排在前面（索引值小）的元素。

5. 其他操作

（1）成员运算符 in 和 not in

in 运算符用于判断一个值是否存在于列表中，返回结果为 True 或 False；使用 not in 运算符时，情况与 in 运算符相反。其语法格式如下。

```
元素　in(not in)列表
```

例如：

```
>>> a=[1,2,3,4,5]
>>> 1 in a
True
>>> 6 not in a
True
>>> 8 in a
False
```

（2）len()函数

len()函数用于返回列表中元素的个数（即列表的长度），其语法格式如下。

```
L=len(列表)
```

例如：

```
>>> a=[1,2,3,4,5]
>>> b=len(a)
>>> b
5
```

5.1.3 列表操作

列表有很多功能强大的函数和方法，可以方便快捷地处理批量数据。

1. 列表的排序

在创建列表时，元素的排列顺序常常是随机的，但有时需要以特定的顺序呈现列表信息。此时有两种方式：一种是保留列表元素最初的排列顺序，另一种是需要调整列表元素的排列顺序。

（1）使用 sort()方法对列表进行永久性排序

在 Python 中，使用 sort()方法可以很方便地对列表元素进行排序，其语法格式如下。

```
列表名.sort([reverse=True/False])
```

sort()方法可以在原列表上进行排序，修改列表的值。其中，参数 reverse 用于设定排序的方式，如果为 True 则是降序排序，反之则为升序排序，如果省略则默认为升序排序。

```
>>> a=['yuanlongping', 'wangxuan', 'huangkun', 'liudongsheng',
'wangyongzhi','wumengchao']
>>> a.sort()
>>> a
['huangkun', 'liudongsheng', 'wangxuan', 'wangyongzhi', 'wumengchao',
'yuanlongping']
```

```
>>> a.sort(reverse=True)
>>> a
['yuanlongping', 'wumengchao', 'wangyongzhi', 'wangxuan',
'liudongsheng', 'huangkun']
```

sort()方法修改了列表的顺序，升序排序是按照字母表的顺序进行升序排序。加了 reverse=True 参数后，则按字母的降序进行排序。

（2）使用 sorted()函数对列表进行排序

sorted()函数与 sort()方法不同，它能够按指定的顺序对列表元素排序生成一个新的列表，同时不影响列表中的原始排列顺序，即保留列表元素原来的排序顺序，其语法格式如下。

```
newlist=sorted(listname,[reverse=True/False])
```

其中，listname 是排序列表，newlist 是排序后生成的新列表，reverse 参数和 sort() 方法相同。例如：

```
>>>a=['yuanlongping', 'wangxuan', 'huangkun', 'liudongsheng',
'wangyongzhi','wumengchao']
>>> b=sorted(a)
>>> a
['yuanlongping', 'wangxuan', 'huangkun', 'liudongsheng',
'wangyongzhi', 'wumengchao']
>>> b
['huangkun', 'liudongsheng', 'wangxuan', 'wangyongzhi', 'wumengchao',
'yuanlongping']
```

从上述示例中可以看到，对数组排序后原始列表的元素没有发生变化，而是新生成了一个新的列表，因此这里要用到赋值语句。

2. 列表的切片

前面介绍了列表的索引操作与字符串的索引操作类似，同样列表的切片操作和字符串的切片操作也是类似的。其语法格式如下。

```
列表名[头下标:尾下标:[步长]]
```

切片返回一个新的列表，切片的结果不包括尾下标对应的元素。其中，步长可以是正数也可以是负数，省略时默认为 1。当步长为正数时，为正向切片，头下标小于尾下标；当步长为负数时，为反向切片，尾下标小于头下标；否则，会得到一个空的列表。

```
>>>a=['yuanlongping', 'wangxuan', 'huangkun', 'liudongsheng',
'wangyongzhi','wumengchao']
>>> a[1:4]                    #步长默认为1
['wangxuan', 'huangkun', 'liudongsheng']
```

```
>>> a[4:2:-1]                    #步长默认为负数
['wangyongzhi', 'liudongsheng']
>>> a[1:4:2]                      #步长默认为正数
['wangxuan', 'liudongsheng']
```

头下标可以省略。如果步长为正数，则头下标默认为 0；如果步长为负数，则头下标默认为最后一个元素的索引值。

```
>>> a[:4]                        #步长为正，头下标默认为 0
['yuanlongping', 'wangxuan', 'huangkun', 'liudongsheng']
>>> a[:2:-1]                     #步长为负，头下标默认为最后一个元素的索引值
['wumengchao', 'wangyongzhi', 'liudongsheng']
```

尾下标也可以省略。如果步长为正数，则尾下标默认为最后一个元素的索引值；如果步长为负数，则尾下标默认为 0。

```
>>> a[1::2]
['wangxuan', 'liudongsheng', 'wumengchao']
>>> a[4::-1]
['wangyongzhi', 'liudongsheng', 'huangkun', 'wangxuan',
'yuanlongping']
```

如果头下标和尾下标都省略，则切片的结果为整个列表。

```
>>> a[::]                        #和原列表相同
['yuanlongping', 'wangxuan', 'huangkun', 'liudongsheng',
'wangyongzhi', 'wumengchao']
>>> a[::-1]                      #得到了原列表的逆序
['wumengchao', 'wangyongzhi', 'liudongsheng', 'huangkun', 'wangxuan',
'yuanlongping']
```

头下标和尾下标都省略，切片的结果相当于将原列表复制为一个新列表，新列表和原列表之间没有关联，当其中一个列表变化时不会影响另一个列表。

```
>>> b=a[:]                       #通过切片复制为一个新列表
>>> b
['yuanlongping', 'wangxuan', 'huangkun', 'liudongsheng',
'wangyongzhi', 'wumengchao']
>>> b.append('chengkaijia')      #列表 b 追加新元素
>>> b
['yuanlongping', 'wangxuan', 'huangkun', 'liudongsheng',
'wangyongzhi', 'wumengchao', 'chengkaijia']
>>> a                            #列表 a 没有发生变化
['yuanlongping', 'wangxuan', 'huangkun', 'liudongsheng',
'wangyongzhi', 'wumengchao']
```

对列表的复制还可以使用 copy() 函数来实现。copy() 函数的语法格式如下。

```
b=a.copy()                        #结果和上面的切片方法相同
```

这在 Python 中被称为深拷贝，相应的还有一种浅拷贝，示例如下。

```
>>> b=a                           #采用赋值的方法
>>> b
['yuanlongping', 'wangxuan', 'huangkun', 'liudongsheng',
'wangyongzhi', 'wumengchao']
>>> b.append('chengkaijia')       #列表 b 追加新元素
>>> b
['yuanlongping', 'wangxuan', 'huangkun', 'liudongsheng',
'wangyongzhi', 'wumengchao', 'chengkaijia']
>>> a                             #列表 a 也随之发生变化
['yuanlongping', 'wangxuan', 'huangkun', 'liudongsheng',
'wangyongzhi', 'wumengchao', 'chengkaijia']
```

从上述语句可以看出，通过赋值语句得到的列表和原列表指向同一个存储空间，当一个列表变化时，另一个列表会随着发生变化。

3. 列表的遍历

对列表的操作一般是要对列表的元素依次进行访问，可以使用遍历循环的方式。有两种不同的方法可以实现对列表的遍历：一种是通过 range() 函数生成列表的索引值作为迭代器，另一种是直接用列表作为迭代器。

（1）使用 range() 函数

对列表遍历时需要知道列表索引值的范围，这个范围是利用 range() 函数生成一个整数序列作为列表的索引值，列表的索引值从 0 开始，终值可利用 len() 函数计算列表的长度（也就是元素的个数）来实现。

```
a=['袁隆平','王选','黄昆','金怡濂','刘东生','王永志','叶笃正','吴孟超']
for i in range(len(a)):
    print(a[i],end=' ')
```

循环变量 i 作为索引值，a[i] 表示列表的元素，运行结果如下。

```
袁隆平 王选 黄昆 金怡濂 刘东生 王永志 叶笃正 吴孟超
```

（2）直接遍历元素

因为列表本身就是可迭代的数据，所以可以直接使用列表作为循环的迭代器。

```
a=['袁隆平','王选','黄昆','金怡濂','刘东生','王永志','叶笃正','吴孟超']
for item in a:
    print(item,end=' ')
```

循环变量 item 直接取值为列表的元素，通过输出语句输出即可。运行结果与上述运行结果相同。

虽然上述两种方法都可以实现对列表的遍历，但在使用过程中要注意两者的区别。第一种方法，循环体内 a[i]是对列表元素的直接访问，如果修改其值则是直接修改了元素的值；第二种方法，循环变量 item 取得元素值后，对其修改数值不会影响原列表元素的值。通过下列代码对比两者的区别。

```
#通过 range()函数遍历列表
t = [1, 2, 3, 4 , [1,2,3] , 'PRC']
for item in range(len(t)):
    if t[item] == 3:
        t[item] = "T"
print(t)
#直接遍历元素
t = [1, 2, 3, 4 , [1,2,3] , 'PRC']
for item in t:
    if item == 3:
        item = "T"
print(t)
```

【运行结果】

```
[1, 2, 'T', 4, [1, 2, 3], 'PRC']
[1, 2, 3, 4, [1, 2, 3], 'PRC']
```

通过 range()函数遍历列表时，输出结果列表的元素发生了变化，而直接遍历元素的输出结果没有发生变化。

4. 列表生成式

列表生成式是 Python 内置的、非常简单但功能强大的一种可以用来创建列表的生成式。

通常可以通过遍历循环实现列表的赋值，示例如下。

```
a=[]
for i in range(10):
    a.append(i)
print(a)
#输出结果为
[0, 1, 2, 3, 4, 5, 6, 7, 8, 9]
```

列表生成式则可以使用一行语句代替循环生成上述列表，格式如下。

```
列表 = [循环变量相关表达式 for 循环变量 in range 函数]
```

因此，上述列表可以使用下面的列表生成式来实现。

```
a = [i for i in range(10)]
```

列表生成式的书写方式：将要生成的元素 i 放到前面，后面跟 for 循环，就可以把列表创建出来。遍历循环允许嵌套，因此列表生成式也可以使用 for 循环的嵌套完成赋值，格式如下。

```
列表 = [循环变量相关表达式 for 外循环 for 内循环]
```

利用列表生成式输出九九乘法表。

```
ls=[str(j)+'*'+str(i)+'='+str(i*j)+('\n' if i==j else '\t') for i in
range(1,10) for j in range(1,i+1)]
for i in ls:
    print(i,end='')
```

【运行结果】

```
1*1=1
1*2=2  2*2=4
1*3=3  2*3=6  3*3=9
1*4=4  2*4=8  3*4=12  4*4=16
1*5=5  2*5=10 3*5=15  4*5=20  5*5=25
1*6=6  2*6=12 3*6=18  4*6=24  5*6=30  6*6=36
1*7=7  2*7=14 3*7=21  4*7=28  5*7=35  6*7=42  7*7=49
1*8=8  2*8=16 3*8=24  4*8=32  5*8=40  6*8=48  7*8=56  8*8=64
1*9=9  2*9=18 3*9=27  4*9=36  5*9=45  6*9=54  7*9=63  8*9=72  9*9=81
```

5. 其他操作

（1）运算符"+"和"*"

运算符"+"用于连接两个列表生成一个新的列表。运算符"*"用于将列表自身重复 n 次。

例如：

```
>>> a=[1,2,3,4,5]
>>> b=[6,7,8,9,10]
>>> c=a+b
>>> c
[1, 2, 3, 4, 5, 6, 7, 8, 9, 10]
>>> d=a*2
>>> d
[1, 2, 3, 4, 5, 1, 2, 3, 4, 5]
```

（2）统计计算函数

min()函数用于求数值列表中的最小值元素。max()函数用于求数值列表中的最大值元素。sum()函数用于求数值列表中元素之和。

例如，输入 10 个数，求最大值、最小值、平均值。

```
scorelist=list(eval(input("输入 10 个数:")))
highest=max(scorelist)
lowest=min(scorelist)
average=sum(scorelist)/10
print(highest,lowest,average)
```

【运行结果】

```
输入 10 个数:12,13,14,20,24,35,46,17,21,92
92 12 29.4
```

例 5-2 计算输出斐波那契序列的前 n 项。

【问题分析】

斐波那契序列的前两个数是 1，从第三个数开始元素的值为前两个数之和，即 1，1，2，3，5，8，…。计算输出斐波那契序列的前 n 项，首先定义一个变量存储数列的项数，其次定义 fibo=[1,1]列表，其中包含序列的前两个数，最后利用遍历循环依次计算后面的数并添加到列表中。

【参考代码】

```
n=eval(input("输入序列的项数"))
fibo=[1,1]
for i in range(2,n):
    a=fibo[i-1]+fibo[i-2]
    fibo.append(a)
print(f'斐波那契序列的前{n}项为: ')
for i in range(n):
    #print(f'f[{i}]={fibo[i]}',end='\t')
    print('f[',i,']=',fibo[i],end='\t')
    if (i+1)%4==0:
        print()
```

【运行结果】

```
输入序列的项数：20
斐波那契序列的前 20 项为:
f[ 0 ]= 1        f[ 1 ]= 1        f[ 2 ]= 2        f[ 3 ]= 3
f[ 4 ]= 5        f[ 5 ]= 8        f[ 6 ]= 13       f[ 7 ]= 21
f[ 8 ]= 34       f[ 9 ]= 55       f[ 10 ]= 89      f[ 11 ]= 144
f[ 12 ]= 233     f[ 13 ]= 377     f[ 14 ]= 610     f[ 15 ]= 987
f[ 16 ]= 1597    f[ 17 ]= 2584    f[ 18 ]= 4181    f[ 19 ]= 6765
```

例5-3 筛选法求素数。

【问题分析】

筛选法求素数是指选出指定范围内的所有素数，将"已知素数的倍数"从指定范围内筛除的方法。以筛选 200 内的素数为例，筛选步骤具体如下。

1）将 0～199 存储到列表中，使列表的序号和元素值相同。

2）从最小素数 2 开始，将 2 的倍数对应的元素赋值为 0。

3）找下一个素数，将其倍数对应的元素赋值为 0，重复此操作，直到 200 内最后一个素数为止。

4）筛选完成后，列表中数值不为 0 的元素就是要求的素数。

【参考代码】

```
Primes=[]
for i in range(200):
    primes.append(i)
for i in range(2,200):
    if primes[i]!=0:                      #查找下一个素数
        for j in range(i+1,200):
            if j%i==0:primes[j]=0         #将素数的倍数元素赋值为0
for i in range(2,200):
    if primes[i]!=0:                      #输出非0的数据，即为素数
        print(primes[i],end=' ')
```

【运行结果】

```
 2 3 5 7 11 13 17 19 23 29 31 37 41 43 47 53 59 61 67 71 73 79 83 89
97 101 103 107 109 113 127 131 137 139 149 151 157 163 167 173 179 181 191
193 197 199
```

例5-4 利用列表计算学生成绩，将一名学生的考试课程名称和成绩以字符串形式存储。成绩字符串为"语文:90,数学:92,英语:95,计算机: 85,工程图学:88"，计算该学生所有课程的总成绩和平均成绩。

【问题分析】

成绩是字符串形式，需要利用 split()方法进行拆分并存储为列表，具体步骤如下。

1）使用 split()方法将字符串拆分为列表，列表的元素包含课程和成绩的字符串。

2）再使用 split()方法将列表的元素拆分为列表。

3）提取列表的成绩。

4）计算总成绩和平均成绩。

【参考代码】

```
cj="语文:90,数学:92,英语:95, 计算机: 85,工程图学:88"
cjlist=cj.split(',')                    #按课程拆分为列表
print(cjlist)
```

```
    newcj=[item.split(':') for item in cjlist]    #把课程和成绩拆分为列表，作
为原列表的元素
    print(newcj)                                    #输出成绩拆分后的列表
    scorelist=[int(item[1])for item in newcj]       #按课程提取成绩为列表
    print(scorelist)                                #输出成绩列表
    cjsum=sum(scorelist)
    cjave=cjsum/5
    print(cjsum)                                     #输出总成绩
    print(cjave)                                     #输出平均成绩
```

【运行结果】

```
['语文:90', '数学:92', '英语:95', ' 计算机: 85', '工程图学:88']
[['语文', '90'], ['数学', '92'], ['英语', '95'], [' 计算机', ' 85'],
['工程图学', '88']]
[90, 92, 95, 85, 88]
450
90.0
```

5.2 》 元　　组

列表使程序处理数据变得非常灵活，但有时程序需要创建一系列不可修改的元素，元组可以满足这种需求。Python 将不能修改的值称为不可变的，而不可变的列表被称为元组。元组的访问与列表相似，但元组的内容不可修改，既不能修改元素的值，也不能对元素删除和添加，元组适用于创建后不再修改的批量数据处理情况。

5.2.1　定义元组

元组定义的语法格式如下。

元组名 = (元素 1,元素 2,…,元素 n)。

元组看起来和列表相似，都是把一组数据利用逗号分隔并赋值给等号左侧的变量，但使用的标识不同，列表是把一组数据放到中括号中，中括号不能省略，元组是把一组数据放到小括号中，小括号有时可以省略。元组元素的构成很灵活，可以是不同类型的变量，也可是元组、列表等组合类型。

例如，一个长和宽不改变的长方形，可将其长度和宽度存储在一个元组中，从而确保长和宽的值不被修改。

```
>>> oblong=(100,50)
>>> oblong
(100, 50)
```

第一行定义了一个元组 oblong，小括号内包含两个元素（表示长方形的长和宽）。

当计算长方形的面积时，需要访问元组的元素，其访问方法和访问列表元素的方法相同，采用元组名加索引值的方法，格式如下。

```
元组名[索引值]
```

计算长方形的面积，如下。

```
>>> area=oblong[0]*oblong[1]
>>> area
5000
```

第一行中元组的两个元素相乘，计算得到了长方形的面积。如果尝试修改元组某一个元素的值，就会导致 Python 返回类型错误消息，因为试图修改元组的操作是被禁止的，所以 Python 指出不能给元组的元素赋值。

```
>>> oblong[0]=200
Traceback (most recent call last):
  File "<pyshell#13>", line 1, in <module>
    oblong[0]=200
TypeError: 'tuple' object does not support item assignment
```

虽然元组的元素的值是不能修改的，但是元组变量的值是可以重新赋值的，如将长方形的长度修改为 200，即可重新创建一个新的元组。

```
>>> oblong=(200,50)
>>> oblong
(200, 50)
```

将变量 oblong 指向一个新元组对象，这次 Python 不会报告任何错误，因为给元组变量赋值是合法的。创建元组的形式不唯一，下面看一些示例。

元组的元素可以由多个不同类型的数据构成，如用元组表示一名学生的班级、学号、年龄和高考成绩信息，如下。

```
>>> tuple1=("智能211","202121",18,600)
```

元组的元素可以包含组合类型的数据，如将用元组表示的高考各科成绩作为另一个元组中的一个元素，或者将用列表表示的学生的身高体重作为元组中的一个元素，如下。

```
>>> tuple2=("智能211","202121",18,(120,131,118,116,115))
>>> tuple3=("智能211","202121",18,[178,75])
```

元组的元素只有一个时，应在元素的后面加上一个逗号，如果没有逗号，Python 会认为是一个表达式：

```
>>> tuple4=(100,)
>>> tuple4
(100,)
```

```
>>> tuple5=(100)
>>> tuple5
100
>>> (100)*3
300
>>> (100,)*3
(100, 100, 100)
```

和创建列表类似，创建元组时除直接写出元素的值外，还可以利用 tuple()函数和推导式完成，如下。

```
>>> tuple6=tuple()
>>> tuple7=tuple("Python")
>>> tuple7
('P', 'y', 't', 'h', 'o', 'n')
```

第一行程序创建了一个空元组，等价于 tuple6=()。

5.2.2　遍历元组的元素

和列表一样，也可以使用 for 循环来遍历元组的所有元素。遍历一个存储学生姓名的元组，可以使用两种不同的遍历方式，代码如下。

```
stunames=('陈鹏飞','曹秀川','马一 ','王超凡')
```

（1）方式 1

```
for stuname in stunames:
    print(stuname,end=' ')
```

（2）方式 2

```
for i in range(len(stunames)):
    print(stunames[i],end=' ')
```

元组 stunames 中存储了 4 个姓名，两个 for 循环执行的结果是一样的，都可以输出元组的所有元素的值。

5.2.3　元组的基本操作

列表和元组都是序列型数据，两者的操作类似，拥有相同的方法和操作符。但是列表是可变数据类型，元组是不可变数据类型，元组创建后不能修改元素的值，也不能删除或添加元素，因此列表中任何可以改变对象的操作，对于元组都是不可以的。下面介绍元组的基本操作。

1）连接操作，包括两类不同元组的连接和元组的自身连接。

```
>>> tuple1=(12,34,56)
>>> tuple2=(78,90)
```

```
>>> print(tuple1+tuple2)
(12, 34, 56, 78, 90)
>>> print(tuple2*3)
(78, 90, 78, 90, 78, 90)
```

第一个输出语句将两个现有的元组连接成一个新元组，第二个输出语句将元组自身连接成一个新元组。

2）成员操作，判断数据是否属于元组的元素。

```
>>> 12 in tuple1
True
>>> 12 in tuple2
False
```

3）切片操作，元组的切片操作和前面介绍的列表的切片操作类似，可以通过指定起始位置和结束位置获取元组的一部分元素。

```
>>> tuple1[:2]
(12, 34)
 >>> tuple1[:-1]
(12, 34)
```

4）元组的常用函数

```
>>> len(tuple1)                      #计算元组元素的个数
3
>>> max(tuple1)                      #计算元组的最大值
56
>>> min(tuple1)                      #计算元组的最小值
12
>>>print(sorted(tuple1,reverse=True))   #元组降序排序
[56, 34, 12]
```

元组利用 sorted()函数排序生成一个新的列表，但是不能使用 sort()方法排序，否则会出现 AttributeError 错误，因为利用 sort()方法排序会改变源对象的内容，列表可以使用但元组不能使用。相应的列表中有关更新源数据的方法和函数对于元组都不适用。元组是不可以改变的，使用元组存储数据，相当于对不需要修改的数据进行"写保护"，使数据更安全。如果程序需要一个常量集对象，并且需要在程序中不断地遍历它，则建议使用元组而不是列表。

例 5-5　遍历并输出元组的元素，在输出数据元素的同时输出元素在元组中的位置。

【问题分析】

可以利用 Python 内部函数 enumerate()来完成，enumerate()函数的功能是将一个可遍历的数据对象（如列表、元组或字符串）组合为一个索引序列，同时列出数据和数据下标，语法格式如下。

```
enumerate(sequence, [start=0])
```

其中，sequence 表示一个序列、迭代器或其他支持迭代对象。start 表示下标起始位置。

【参考代码】

```
x=(1,2,3)
for i,v in enumerate(x):
    print("下标为{}的元素 {}".format(i,v))
```

【运行结果】

```
下标为 0 的元素 1
下标为 1 的元素 2
下标为 2 的元素 3
```

5.3 》字　　典

列表和元组可以存储和处理批量数据，数据之间没有关联性，程序通过获取访问数据的索引值来定位，进而实现对元素的操作，但是当数据量较大时，记住数据元素的索引值不是一件容易的事情。当处理的数据有一定的关联性时，列表和元组都不能直观地描述数据的对应关系，如表 5-1 所示。

表 5-1　员工联系方式

员工姓名	联系方式
陈鹏飞	60601000
曹秀川	60602000
马一	60602000
王超凡	60604000

第一列是员工的姓名，第二列是员工的联系方式，两列数据的关系是一一对应的，如果要查找某一个员工的联系方式，则可以从表中第二列快速找到对应的联系方式。列表和元组不能描述这样的对应关系，Python 中的字典可以方便地组织这样的数据。字典是一种有映射的集合，也可以称为关联数组，它是通过键和值之间保持关联的容器，每对数据中第一个元素是键，第二个元素是值，字典把一个唯一键映射到值上，存储的是键、值及它们之间的关联。

5.3.1　创建字典

编写程序在表 5-1 中查找某个人的电话号码，可以使用字典来实现，其中使用员工姓名作为键，联系方式作为值。字典中允许把多个人和一个给定的号码关联起来。这里创建一个字典表示 4 个条目的联系人列表，与表 5-1 对应。

```
>>> contacts={"陈鹏飞":"60601000","曹秀川":"60602000",\
"马一":"60602000","王超凡":"60604000"}
>>> contacts
{'陈鹏飞': '60601000', '曹秀川': '60602000', '马一': '60602000', '王超
凡': '60604000'}
```

字典就是用大括号{}包裹的键值对的集合，键值对也可以称为项，每个键值对的键和值之间使用冒号"："分隔，键值对之间用逗号"，"分隔。字典中的键必须是不可变且唯一的，而值是可以重复的并且可以是任何类型数据，如上述代码中中间两个键的值是相同的。员工姓名和联系方式之间是一种映射关系，如图 5-1 所示。

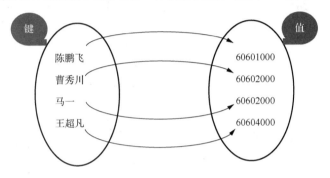

图 5-1　字典键值的映射关系

创建一个空的字典的方法有两种，第一种方法如下。

```
>>> my_dict={}
>>> my_dict
{}
```

字典内容为空。

第二种方法是利用 dict()函数创建空的字典，如下。

```
>>> my_dict=dict()
>>> my_dict
{}
```

dict()是字典的构造函数，可用于创建字典，并且可以有多种不同的方式。

例 5-6　利用 dict()函数创建字典。

【参考代码】

```
mydict1=dict(i=0,j=1)                    #传入键值对创建字典
mydict2=dict(zip(['i','j'],[10,20]))     #传入映射函数创建字典
mydict3=dict((('a',1),('b',2)))          #传入可迭代对象创建字典
print('mydict1=',mydict1)
print('mydict2=',mydict2)
print('mydict3=',mydict3)
```

```
mydict4=dict(mydict2)    #将 mydict2 作为 dict()函数的参数，创建字典的副本
print('mydict4=',mydict4)
```

【运行结果】

```
mydict1= {'i': 0, 'j': 1}
mydict2= {'i': 10, 'j': 20}
mydict3= {'a': 1, 'b': 2}
mydict4= {'i': 10, 'j': 20}
```

zip()函数用于将可迭代的对象作为参数，将对象中对应的元素打包成一个个元组，然后返回由这些元组组成的 zip 对象，参数是一个或多个迭代器。生成的对象需要用 list()、turple()、dict()和 set()转换为相应的组合数据类型。

使用字典时要注意字典键和值的特性，字典值可以是任何的 Python 对象，既可以是标准的对象，也可以是用户定义的对象，但键要求比较严格。

1）字典中不允许同一个键出现两次。创建时如果同一个键被赋值多次，则对应的值是最后一个值。

```
>>> s={"a":1,"b":2,"a":3}
>>> s
{'a': 3, 'b': 2}
```

2）键必须不可变，所以可以使用数字、字符串或元组来充当键，而不能使用列表、字典和集合来充当键。

```
>>> s={('a',):1,("b",):2,("a",):3}
>>> s
{('a',): 3, ('b',): 2}
>>> s={['a',]:1,["b",]:2,["a",]:3}
Traceback (most recent call last):
  File "<pyshell#7>", line 1, in <module>
    s={['a',]:1,["b",]:2,["a",]:3}
TypeError: unhashable type: 'list'
```

5.3.2　访问字典的值

1. 利用下标运算符 "[ ]" 访问字典元素

下标运算符 "[]" 用来返回一个键对应的值，因此如果要在字典 contacts 中查询一个员工的联系方式，则把姓名作为键，即字典的索引值，返回的是对应的值，语句如下。

```
>>> print("马一的联系方式是: ",contacts['马一'])
```

【运行结果】

```
马一的联系方式是: 60602000
```

字典与列表和元组等序列类型不同，序列类型是按数值序排序的，而字典是映射类型数据，是无序排列的。下标运算符可以用于访问字典的项，但不能通过索引或位置访问。值只能通过与之关联的键来访问。因此，提供给下标运算符的键必须是字典中的合法键，否则键不在字典中时，Python 会返回 KeyError 错误信息，如下。

```
>>> contacts["李三"]
Traceback (most recent call last):
  File "<pyshell#2>", line 1, in <module>
    contacts["李三"]
KeyError: '李三'
```

为了确定一个键是否在字典中，可以创建一个选择结构，使用 in 运算符判断键是否存在，如果存在再读取字典的键值。

例 5-7 输入一个员工的姓名，并在字典 contacts 中查询该员工的联系方式。

【参考代码】

```
name=input("input name: ")
contacts={"陈鹏飞":60601000,"曹秀川":60602000,\
"马一":60602000,"王超凡":60604000}
if name in contacts:
    print("{}的联系方式: {}".format(name,contacts[name]))
else:
    print("没有{}的联系方式".format(name))
```

【运行结果】

```
input name: 马一
马一的联系方式: 60602000
```

用户输入一个 name 字符串，在 if 结构中将 name 字符串与字典 contacts 中的键比较，判断字典中是否存在 name，如果存在，则输出对应的值。

2. 使用 get()方法访问字典元素

当访问字典的键不存在时，Python 会抛出异常错误 KeyError。但通常希望访问字典的键不存在时使用一个默认值，而并不希望触发错误信息。这时可以使用 get()方法访问字典，把访问的键作为 get 的参数，如果键存在则会返回对应的值，如果不存在则返回设定的默认值，语句格式如下。

```
dict.get(key, default=None)
```

其中，key 是字典中要查找的键；default 是默认值，如果指定的键不存在，则返回该默认值，如果省略则不返回任何内容，也不会抛出错误信息。利用 get()方法访问例 5-7 中的字典元素。

```
>>> number=contacts.get("马一",114)
```

```
>>> number
60602000
>>> number=contacts.get("王一",114)
>>> number
114
```

第一个 get()方法返回的是"马一"的联系方式。因为"王一"不在字典中，所以第二个 get()方法返回的是设定的默认值 114。这样当访问的一个成员在通讯录中不存在时，希望打给查号台，这时不需要使用 in 运算符，调用 get()方法并传递键和一个默认值即可。

3. 使用 setdefault()方法访问字典元素

访问字典的元素时还可以使用 setdefault()方法，格式如下。

```
dict.setdefault(key, default=None)
```

其中，key 是字典中要查找的键；default 是默认值，如果字典中不存在查找的键，将会添加键并将值设为默认值。利用 setdefault()方法访问例 5-7 中的字典元素，如下。

```
>>> contacts.setdefault("王一",'114')
'114'
>>> contacts
{'陈鹏飞': '60601000', '曹秀川': '60602000', '马一': '60602000', '王超
凡': '60604000', '王一': '114'}
```

这样就可以把通讯录中查询不存在的成员的联系方式设置为默认值 114，即查号台的联系方式。

5.3.3 字典的遍历

字典中存储若干键值对，可以通过循环操作对其进行遍历，由于字典中的项是无序排列的，不能按照数值序进行索引，所以使用 in 运算符。

首先创建一个学生计算机成绩的字典，其中键是学生的学号，值是学生的成绩。

```
studict={'201001':98,'201002':86,'201005':92,'201004':85,'201003':64}
```

1. 利用 in 运算符检测和遍历字典的键

```
>>> '201005' in studict
True
```

学号 201005 在字典 studict 中，故输出 True。

```
>>> '201007' in studict
False
```

学号 201007 不在字典 studict 中，故输出 False。

通过上述例子可以看出，对字典的操作默认是对键的操作。另外，还可以利用字典的 keys 属性表示字典的键。

```
>>> studict.keys()
dict_keys(['201001', '201002', '201005', '201004', '201003'])
>>> '201005' in studict.keys()
True
>>> '201007' in studict.keys()
False
```

这里 keys()返回的是一个列表，其中包含了字典中的所有键，上面的两行代码只是核实这两个学号是否包含在这个列表中，实现判断一个键是否在字典中。遍历字典的键时可以使用 for 循环来实现。

```
for i in studict.keys():    #也可以使用 "for i in studict:"
    print(i,end='\t')
```

【运行结果】

```
201001    201002   201005   201004   201003
```

在 for 循环中提取字典 studict 中的所有键，并依次将它们存储到变量 i 中，通过 print 语句输出了学生的学号。遍历字典时，会默认遍历字典所有的键，因此 "for i in studict.keys():" 可以使用 "for i in studict:" 替换，输出结果相同。

例 5-8　查询指定学号对应的计算机成绩。

【问题分析】

字典 studict 中的元素是 5 名学生的学号和计算机成绩的键值对，stulist 是存储待查询学号的列表，程序实现查询并输出列表中学号对应的计算机成绩。我们可以使用 for 循环遍历字典中的学号，当与列表 stulist 中的学号相同时，输出该学号对应的成绩。

【参考代码】

```
studict={'201001':98, '201002':86, '201005':92, '201004':85, '201003':64}
stulist=['201001', '201005']
for i in studict.keys():
    print(i)
    if i in stulist:
    print("{}的计算机成绩为：{}".format(i,studict[i]))
```

【运行结果】

```
201001
201001 的计算机成绩为 98
201002
201005
201005 的计算机成绩为 92
```

```
201004
201003
```

程序中利用 for 循环遍历 studict.keys()获取并输出字典的键，然后在 if 结构中判断当前的键是否是 stulist 列表的元素，如果是列表的元素则输出该键对应的值，即学生的成绩。为了访问学生的成绩，使用字典名并将变量 i 的当前值作为键，studict[i]得到字典中与键相关联的值。最后结果是每个学号都会输出，但只输出列表元素学号的成绩。如果不希望输出不在列表中的学号，则可以将 for 循环中的 print(i)语句删除。

2. 利用 in 运算符检测遍历字典的 value（值）

字典的 values()属性用于对字典元素的值进行操作。

```
>>> studict.values()
dict_values([98, 86, 92, 85, 64])
>>> 98 in studict.values()
True
```

98 是字典的一个值，返回 True。

```
>>> 100 not in studict.values()
True
```

这里使用了 not in 运算符，100 不是字典的一个值，因此返回了 True。同样这里 values()返回的是一个列表，其中包含了字典中的所有值，上面的两行代码只是核实这两个成绩（值）是否包含在这个列表中，实现判断一个值是否在/不在字典中。遍历字典的值可以利用 for 循环来实现。

```
for j in studict.values():
    print(j,end='\t')
```

【运行结果】

```
98    86  92  85  64
```

程序中利用 for 循环遍历 studict.values()获取字典的值，并依次将它们存储到变量 j 中，然后依次输出学生的成绩。

使用这种方法提取字典的值时，没有考虑值是否重复。如果字典数据比较少，影响不大，但当存储的学生成绩比较多时，最后的列表可能包含了大量的重复项。为了剔除重复项，可以使用集合 set，我们知道集合类似于列表，但集合的元素是不重复的。

例如，学生成绩有重复的情况，存储学生成绩的字典 studict2 的值如下。

```
studict2={'201001':98,'201002':85,'201005':92,'201004':85,'201003':85}
```

字典的 values()通过 set()函数创建一个集合。

```
>>> stuset=set(studict2.values())
```

```
>>> stuset
{98, 92, 85}
```

遍历输出学生的成绩。

```
for i in set(studict2.values()):
    print(i, end='\t')
```

通过包含重复元素的列表调用 set()函数，可找到列表中不重复的元素，并使用这些元素来创建一个集合，输出结果是一个不重复的列表，如下。

```
98    92    85
```

同样，也可以把字典的 values()方法的结果通过 list()函数创建一个列表。

```
>>> stuscore=list(studict.values())    #stuscore 存储成绩的列表
>>> stuscore
[98, 86, 92, 85, 64]
```

3. 遍历字典的项

Python 可以使用 items()方法遍历字典的元素，这比先遍历键然后查询每个键的值要高效一些。

```
>>> studict.items()
dict_items([('201001', 98), ('201002', 86), ('201005', 92), ('201004', 85), ('201003', 64)])
```

使用 items()方法获取字典的所有元素，以类似列表形式返回可遍历的（键, 值）元组。循环遍历 items 列表。

```
for item in studict.items():
    print(item)
```

【运行结果】

```
('201001', 98)
('201002', 86)
('201005', 92)
('201004', 85)
('201003', 64)
```

这里循环变量 item 会被赋值为一个元组，因此输出是元组的形式。其中，第一个位置是键，第二个位置是值。item 是元组，因此可以利用加索引的方法分别输出元组的每个元素，代码可修改为如下代码。

```
for item in studict.items():
    print(item[0],item[1])
```

这样键和值分别获取并输出。另外，还可以把元组的两个元素分别赋值给两个变量 key 和 value，循环遍历后会得到同样的结果。

```
for key, value in studict.items():
    print(key,value)
```

【运行结果】

```
201001 98
201002 86
201005 92
201004 85
201003 64
```

程序中有两个变量，key 对应字典的键，value 对应字典的值。

5.3.4 字典的修改与删除

字典属于可变容器，因此在创建字典之后可以修改它的内容，这里需要使用下标运算符"[]"对字典进行增加或修改。还使用上面的字典作为示例，如下。

```
studict={'201001':98,'201002':86,'201005':92,'201004':85,'201003':64}
```

1. 字典的修改

修改指定键关联的值，使用下标运算符"[]"把新值设置给字典中已存在的键。

```
>>> studict['201005']=96
```

还可以增加字典的元素，必须同时增加键值对。

```
>>> studict['201006']=88
>>> studict
{'201001': 98, '201002': 86, '201005': 96, '201004': 85, '201003': 64,
'201006': 88}
```

有时创建字典时不知道字典包含哪些项，这时可以先创建一个空字典。

```
studict3={}
```

然后给字典添加元素。

```
studict3[ '201001']=99
studict3['201002']=98
```

2. 使用 del 语句删除字典键值对

当字典不需要某一元素时，可以使用 del 语句将相应的键值对从字典中彻底删除，使用 del 语句时必须指定字典名和要删除的键，del 语句的用法如下。

```
>>> del studict[ '201001']
>>> studict
{'201002': 86, '201005': 96, '201004': 85, '201003': 64, '201006': 88}
```

删除字典中键为 201001 的元素，从输出结果中可以看出该元素已经从字典中删除了。删除元素时要保证字典中存在该元素，否则会出现 KeyError 错误，为了避免出现错误应该先用 in 运算符检测元素是否存在。

```
>>> if '201002' in studict:
    del studict['201002']
```

使用 del 语句还可以删除整个字典，执行后字典就不存在了，如果再访问字典就会出错。

```
>>> del studict
>>> studict
Traceback (most recent call last):
  File "<pyshell#16>", line 1, in <module>
    studict
NameError: name 'studict' is not defined
```

3. 使用 clear()方法删除字典元素

使用 clear()方法可一次性删除所有字典元素，执行后字典的内容全部置空，成为一个空字典。

```
>>> studict.clear()
>>> studict
{}
```

4. 使用 pop()方法删除字典元素

为了从字典中删除一个元素，可以调用 pop()方法并把键作为参数。

```
studict.pop('201002')
```

这会删除整个元素，包括键和与之对应的值。在删除元素的同时，pop()方法会返回正在删除的元素的值。

```
>>> studict={'201001':98,'201002':86,'201005':92,'201004':85,'201003':64}
>>> stu002=studict.pop('201002')
>>> stu002
86
>>> studict
{'201001': 98, '201005': 92, '201004': 85, '201003': 64}
```

运行 pop()方法后，字典中的'201002'元素被删除，返回值 86 赋值给变量 stu002 存储，变量的值也可以在后续代码中使用。如果键不在字典中，那么 pop()方法会抛出 KeyError 异常，因此在删除元素时要先测试一下键是否存在于字典中。

```
if '201002' in studict:
    studict.pop('201002')
```

5.3.5　字典的排序

Python 中的字典反映的是一种映射关系，Python 3.6 及以上版本字典的键值对是按照初始化时的排列顺序输出的，我们先创建一个存储若干学生成绩的字典。

```
>>>studict={'201001':98,'201002':86,'201005':92,'201004':85,'201003':64}
```

在实际使用字典的过程中，有时候需要对字典进行排序，字典的排序可以按照键排序，也可以按照值来排序。需要注意的是，字典排序并不能改变字典的原始数据，只是返回一个排序后的结果，因此排序时要使用 sorted()函数，语法格式如下。

```
sorted(iterable [, key[, reverse]])
```

其中，iterable 是排序的对象；key 是设置排序方法，或指定迭代对象中用于排序的元素；reverse 指定升序或降序排列，默认为升序排列。

1. 按字典的 keys 键排序

对字典 studict 按照键排序，我们观察到字典的键是数值型数据可以排序，因此字典可以排序，方法如下。

```
>>> studict2=sorted(studict)
>>> studict2
['201001', '201002', '201003', '201004', '201005']
```

字典名 studict 作为 sorted()函数的参数，默认是按照键升序排序，返回结果是一个列表，并且是所有键排序后的结果。按键排序时，sorted()函数的参数可以指定为字典的keys()。

```
>>> studict2=sorted(studict.keys())
>>> studict2
['201001', '201002', '201003', '201004', '201005']
```

我们看到输出的结果和上面是完全一样的。这样的结果并没有反映出字典的键值映射关系，把 sorted()函数的参数改为字典的 items()。

```
>>> studict2=sorted(studict.items())
>>> studict2
[('201001', 98), ('201002', 86), ('201003', 64), ('201004', 85),
```

```
('201005', 92)]
```

由输出的结果可以看出，字典的元素已经按照键的顺序进行了升序排序，列表中的每个元素是由字典的一个键值对组成的元组，结果反映出了字典的映射关系。

sorted()函数的参数 reverse 决定了排序是升序还是降序。省略时，reverse 默认为 False，表示为升序排序；当 reverse=True 时，表示为降序排序。

```
>>> studict3=sorted(studict.items(),reverse=True)
>>> studict3
    [('201005', 92), ('201004', 85), ('201003', 64), ('201002', 86),
('201001', 98)]
```

2. 按字典的 values 值排序

如果字典的 values 值是可排序的，则可以按照 values 值排序。如果对字典 studict 按照 values 值降序排序，方法如下。

```
>>> studict4=sorted(studict.values(),reverse=True)
>>> studict4
[98, 92, 86, 85, 64]
```

输出的结果是由字典的所有值降序排序后组成的列表。如果要显示键和值，则还要使用 studict.items()作为排序的对象，但上面的例子中我们看到是按字典的键排序而不是按照值排序，因此需要对排序的规则进行定义。

sorted()函数的参数 key 指定迭代对象中用于排序的元素，默认按键排序，也可以通过 lambda()函数设置 key，使用方法如下。

```
>>> studict5=sorted(studict.items(),key=lambda x:x[1],reverse=True)
>>> studict5
    [('201001', 98), ('201005', 92), ('201002', 86), ('201004', 85),
('201003', 64)]
```

排序的结果是按照 values 值降序排序的，内容是字典键值对元组组成的列表序列。这里的 key =lambda x:x[1]意思是选取元组中的一个元素作为比较参数。studict.items()是将字典 studict 转换为可迭代对象，迭代对象是('201001', 98), ('201005', 92), ('201002', 86), ('201004', 85), ('201003', 64)，items()将字典的键值对转换为元组。在 key 参数中的 lambda x:x[1]表达式中，x 是键值对 items 元组，x[1]是元组的第一个元素也就是字典的值作为了排序的对象，最终实现了按照值排序。相应的，如果按照键排序，则 key = lambda x:x[0]，选择元组的第 0 个元素作为比较参数。

```
>>> studict6=sorted(studict.items(),key=lambda x:x[0],reverse=True)
>>> studict6
    [('201005', 92), ('201004', 85), ('201003', 64), ('201002', 86),
('201001', 98)]
```

5.3.6 字典的复制

对字典进行复制时首先想到的是利用赋值语句，但这种方式其实就是字典的引用，相当于给原字典起了个别名，并不是真正的复制。

```
>>> stu={'a':1,'b':[1,2,3]}
>>> stu2=stu
>>> stu2
{'a': 1, 'b': [1, 2, 3]}
>>> stu['c']=4
>>> stu
{'a': 1, 'b': [1, 2, 3], 'c': 4}
>>> stu2
{'a': 1, 'b': [1, 2, 3], 'c': 4}
```

对字典进行复制时还可以使用 copy()函数和 deepcopy()函数来实现。copy()函数称为浅复制，deepcopy()函数称为深复制，下面介绍这两个函数的区别。

copy()函数的语法格式如下。

```
dict2=dict1.copy()
```

复制后 dict1 和 dict2 是各自独立的对象，当修改其中一个字典的值时一般不会对另一个字典产生影响。

```
>>> stu={'a':1,'b':[1,2,3]}
>>> stu2=stu.copy()
>>> stu2
{'a': 1, 'b': [1, 2, 3]}
```

copy()函数复制后，字典 stu2 和 stu 具有相同的元素，stu2 是 stu 的一个副本。下面给 stu 增加一个元素，再分别输出两个字典。

```
>>> stu['c']=4
>>> stu
{'a': 1, 'b': [1, 2, 3], 'c': 4}
>>> stu2
{'a': 1, 'b': [1, 2, 3]}
```

输出结果显示 stu 增加了一个新的元素（'c': 4），而 stu2 并没有发生变化。也就是说，修改 stu 的值对 stu2 没有产生影响。但当元素中的值是一个序列时，情况就会有所不同，如 stu 字典中第二个元素的值是列表[1,2,3]，我们称这个列表为字典的父对象，列表的元素为子对象。上述的复制情况只适用于字典的父对象，子对象还是采用引用的方式，如下。

```
>>> stu2['b'].remove(3)
```

```
>>> stu2
{'a': 1, 'b': [1, 2]}
>>> stu
{'a': 1, 'b': [1, 2]}
```

输出结果显示字典 stu2 删除了'b'对应值中的一个元素，原始字典 stu 也发生了相同的变化，并没有实现真正意义上的复制。因此需要使用深复制 deepcopy()函数完成字典的完全复制，这个函数可以解决修改一个字典子对象而对另一个字典产生影响的问题。deepcopy()函数的语法格式如下。

```
import copy
dict2=copy.deepcopy(dict)
```

字典 dict 深复制给字典 dict2，这时字典 dict 和 dict2 是两个独立的对象，当修改其中一个字典的任何内容时不会对另一个字典产生影响。

```
>>> import copy
>>> stu={'a':1,'b':[1,2,3]}
>>> stu2=copy.deepcopy(stu)
>>> stu2
{'a': 1, 'b': [1, 2, 3]}
>>>stu2['b'].append(4)
>>> stu2
{'a': 1, 'b': [1, 2, 3, 4]}
>>> stu
{'a': 1, 'b': [1, 2, 3]}
```

输出结果显示字典 stu2 的'b'值增加了一个元素，对原始字典 stu 没有产生影响。

例 5-9　读取英文文档，利用字典完成统计：

1）统计文档中出现的字母，并统计每个字母的个数。

2）统计文档中单词的个数，并输出出现次数最高的 5 个单词。

【问题分析】

首先要读取文件，文件名为 hebut.txt。读取文件用 open()函数。文件内容如下：

The predecessor of Hebei University of Technology is called the Beiyang technology school established in 1903, which is the earliest university in China to cultivate industrial talents, and it founded the earliest university run factory in China. The University ranked among the first batch of key universities under the national "Project 211" in 1996. In 2014, it was jointly built by Hebei Province, Tianjin and the Ministry of education. In 2017, it was selected as a national "double first-class" University. In recent years, three disciplines-materials science, chemistry and engineering-have been ranked in the top 1% of the global ESI rankings and have been moving forward. In 2020, the university was awarded the "National Civilised Campus".

读取文件内容后，统计文档中字母出现的次数。

【参考代码】

```
inFilename=input("输入源文件名称：")
with open(inFilename,'r') as xifile:          #以读方式打开文件
    zimu=xifile.read()                        #读文件，返回一个字符串
    zidict={}                                 #设一个空字典
    for i in zimu:                            #遍历字符串中的每一个字符
        if i.isalpha():                       #判断是否为字母
            x=i.upper()                       #把字母转为大写
            zidict[x] = zidict.get(x,0)+1

print("文档中字母出现的字母统计如下：")
print(zidict)
print("按照字母顺序排序后统计如下：")
print(sorted(zidict.items()))
```

源程序和 hebut.txt 文件存储在同一路径下，运行输入文件名：

```
输入源文件名称：hebut.txt.
```

程序中利用字典的特性，把字母作为字典的键，将字母出现的次数作为值。

【运行结果】

```
文档中字母出现的字母统计如下：
{'T': 52, 'H': 27, 'E': 73, 'P': 6, 'R': 32, 'D': 21, 'C': 23, 'S':
39, 'O': 28, 'F': 10, 'B': 11, 'I': 68, 'U': 16, 'N': 56, 'V': 13, 'Y': 16,
'L': 24, 'G': 9, 'A': 44, 'W': 6, 'K': 4, 'M': 6, 'J': 3}
按照字母顺序排序后统计如下：
[('A', 44), ('B', 11), ('C', 23), ('D', 21), ('E', 73), ('F', 10), ('G',
9), ('H', 27), ('I', 68), ('J', 3), ('K', 4), ('L', 24), ('M', 6), ('N', 56),
('O', 28), ('P', 6), ('R', 32), ('S', 39), ('T', 52), ('U', 16), ('V', 13),
('W', 6), ('Y', 16)]
```

统计单词出现的次数，需要把单词从文档中分离出来，在英文文档中以空格作为区分单词的基准，将两个空格之间的内容看作一个单词，line.strip().split()可以实现单词的截取并生成一个列表。把单词作为字典的键，统计的次数作为对应的值。

【参考代码】

```
with open('hebut.txt','r') as xifile:         #以读方式打开文件
    worddict={}                               #设一个空字典
    for line in xifile:                       #读取文档的每一行
        words=line.strip().split()            #截取每一个单词，生成一个列表
        for word in words:                    #统计单词出现的次数
            exclude = set(',.;?!')            #去掉单词后面的标点符号
```

```
                    word = ''.join(ch for ch in word if ch not in exclude)
                    if word in worddict:
                        worddict[word]+=1
                    else:
                        worddict[word]=1
    #把生成的字典按照单词的次数降序排序，返回给列表 wordlist
    wordlist=sorted(worddict.items(),key=lambda x:x[1],reverse=True)
    print("文档中单词出现的次数为: \n",wordlist)
    #输出排序后的前 5 个元素，得到出现频率最高的前 5 个单词
    print("文档中单词出现频率最高的 5 个单词是: ")
    for i in wordlist[:5]:
        print(i)
```

【运行结果】

文档中单词出现的次数为:

[('the', 10), ('of', 5), ('in', 5), ('and', 4), ('In', 4), ('University', 3), ('university', 3), ('it', 3), ('was', 3), ('The', 2), ('Hebei', 2), ('is', 2), ('earliest', 2), ('China', 2), ('ranked', 2), ('national', 2), ('-', 2), ('have', 2), ('been', 2), ('predecessor', 1), ('Technology', 1), ('called', 1), ('Beiyang', 1), ('technology', 1), ('school', 1), ('established', 1), ('1903', 1), ('which', 1), ('to', 1), ('cultivate', 1), ('industrial', 1), ('talents', 1), ('founded', 1), ('run', 1), ('factory', 1), ('among', 1), ('first', 1), ('batch', 1), ('key', 1), ('universities', 1), ('under', 1), ('Project', 1), ('211', 1), ('1996', 1), ('2014', 1), ('jointly', 1), ('built', 1), ('by', 1), ('Province', 1), ('Tianjin', 1), ('Ministry', 1), ('education', 1), ('2017', 1), ('selected', 1), ('as', 1), ('a', 1), ('double', 1), ('first-class', 1), ('recent', 1), ('years', 1), ('three', 1), ('disciplines', 1), ('materials', 1), ('science', 1), ('chemistry', 1), ('engineering', 1), ('top', 1), ('1', 1), ('global', 1), ('ESI', 1), ('rankings', 1), ('moving', 1), ('forward', 1), ('2020', 1), ('awarded', 1), ('National', 1), ('Civilised', 1), ('Campus', 1)]

文档中单词出现频率最高的 5 个单词是:

('the', 10)

('of', 5)

('in', 5)

('and', 4)

('In', 4)

例 5-10 一个水果连锁商店对其 4 个门店所售水果情况进行统计，得到如表 5-2 所示的信息。

表 5-2　水果销售统计表 （单位：kg）

水果	销售量			
	门店 1	门店 2	门店 3	门店 4
苹果	101	150	168	112
香蕉	200	134	161	212
鸭梨	132	252	108	191
葡萄	218	125	141	220

现要对数据进行如下处理。

1）统计每种水果的总销售量和门店的平均销售量。

2）统计每个门店销售所有水果的总量。

3）按照水果的名称升序排序输出。

最后输出如下格式的数据。

	门店 1	门店 2	门店 3	门店 4	总计	平均值
苹果	101	150	168	112	531	132.75
香蕉	200	134	161	212	707	176.75
鸭梨	132	252	108	191	683	170.75
葡萄	218	125	141	220	704	176
	651	661	578	735	2625	

【问题分析】

第一步，将表格数据存储到一个字典中，其中 4 种水果为键，门店的销量为值，由于有 4 个门店，因此使用列表表示值。

```
saledata={'苹果':[101,150,168,112],'香蕉':[200,134,161,212],\
          '鸭梨':[132,252,108,191],'葡萄':[218,125,141,220]}
```

第二步，计算 4 种水果的各自销售总量和平均值，通过遍历字典的 items()方法分别提取字典中元素的键和值，通过 sum()函数对值求和，再除以值的个数即可得到平均值，并且追加到值的列表中，新的列表重新和键组成键值对。

```
for sk,sv in saledata.items():
    sv.append (sum(sv))
    sv.append(sum(sv)/len(sv))
    saledata[sk]=sv
```

第三步，按照要求输出第一行字段名；将字典 saledate 按照键排序，依次输出水果名（键）和水果的各门店销售量及总量和平均值（值）；同时把字典的值记录到一个新的列表 storesale 中。

```
print('\t门店 1','\t门店 2','\t门店 3','\t门店 4','\t总计','\t平均值')
storesale=[]
for fruit in sorted(saledata):
```

```
    print(fruit,end='\t')
    storesale.append(saledata[fruit])
    for k in saledata[fruit]:
        print(k,end='\t')
    print()
print(end='\t')
```

第四步，对列表 storesale 中各门店销售的水果数量及销售总量求和，将结果作为列表 s 的元素。

```
s=[0]*5
for i in range(5):
    for j in range(4):
        s[i]+=storesale[j][i]
    print(s[i],end='\t')
```

5.4 》 集　　合

集合是包含无重复元素的容器。集合与列表不同，它的元素是无序的，不能通过位置索引进行访问，也不能像字典那样通过键来访问。集合属于可变数据类型，可以向集合中添加或删除元素。集合的操作和在数学中集合上的操作是一样的。

5.4.1　创建和访问集合

可以使用赋值语句创建带有初始元素的集合，元素包含在大括号中，和数学中的格式相同，语法格式如下。

```
setname={元素 1,元素 2,…,元素 n}
```

当集合中有多个元素时，元素之间使用逗号分隔。因为集合的元素具有唯一性，当元素有重复时，只保留一个元素。

下面是创建集合的示例。

```
>>> s1={1,2,3,4,5}
>>> s2={2,4,6,8,2,4}          #有重复元素
>>> s2
{8, 2, 4, 6}
>>> s3={"一月","二月","三月","四月","五月","六月"}
>>> s4={(201001,86),(201002,80),(201003,90)}          #元素是元组
```

集合的元素可以是数值型、字符型、元组，但不能是列表、字典及集合等可变类型的数据。创建集合时还可以使用 set() 函数，可以把任何序列转换为集合。

```
>>> s5=set({'a':1,'b':2})
>>> s5
```

```
{'b', 'a'}
>>>s6=set((1,2,3,4,4,3))
>>> s6
{1, 2, 3, 4}
>>>s7=set([2,4,6,8])
>>> s7
{8, 2, 4, 6}
>>> s8=set()
>>> s9=set("I like Python")
>>> s9
{'y', 'i', 'I', 'h', 't', 'o', 'n', 'e', 'P', 'k', 'l', ' '}
```

字典转换为集合时只保留了键作为集合的元素。s8 为一个空集合，但是不能使用 s8={}来创建集合，因为前面介绍字典时提到大括号是创建一个空的字典。

由于集合是无序的，访问集合的元素不能按索引值访问，因此可以使用 for 循环遍历集合的元素。

例如，创建一个集合，存储 5 个省市的名称，通过 for 循环遍历输出。

```
>>> s={"beijing","hebei","tianjin","shanghai","guangdong"}
>>>for d in s:
    print(d,end=" ")
```

集合中元素访问的顺序依赖于它们在内部是如何存储的，上述循环输出的结果如下。

```
guangdong hebei shanghai tianjin beijing
```

输出的顺序和创建的顺序不相同，这种情况在集合使用过程中并没有什么问题。如果希望按排好的顺序显示这些元素，则可以使用 sorted()函数，它返回一个元素按序排好的列表，修改上述代码，按序输出省市的名称。

```
>>> for d in sorted(s):
        print(d,end="\t")
beijing  guangdong  hebei  shanghai  tianjin
```

使用上述方法创建的集合是无序且不重复的，集合的内容是可变的。另外，还可以创建不可变的集合，使用的是 frozenset()函数，其语法格式如下。

```
frozenset([iterable])
```

frozenset()函数的用法和 set()函数的用法基本类似，区别就是创建的集合是冻结的集合，它是不可变的。

```
>>> frozenset([1,2,4])
frozenset({1, 2, 4})
>>> frozenset()                    #创建一个空集合
```

```
frozenset()
```

例 5-11　利用集合统计某商店卖出商品的营业额。

【问题分析】

把商店售卖出的每个商品的名称和该商品卖出的金额组成元组，再把这些元组放到一个集合中，然后对集合及集合中元组的元素进行统计，计算出商店售卖商品的金额。

【参考代码】

```
monset={("手机",7120),("路由器",820),("移动硬盘",1200),("打印机",2560)}
total=0
for item in monset:
    total+=item[1]
print("售卖商品总额: ",total)
```

【运行结果】

```
售卖商品总额:  11700
```

5.4.2　增加和删除元素

集合属于可变序列，但由于不能通过索引指定集合中的具体元素，无法修改现有元素的值，因此只能增加或删除集合中的元素。

1. 增加元素

集合增加元素的方法有两个，即 add()方法和 update()方法。两个方法的语法格式分别如下。

```
setname.add(element)
```

功能：把指定的元素 element 增加到集合 setname 中，每次只能增加一个元素。

```
setname1.update(setname2)
```

功能：把集合 setname2 中的元素追加到集合 setname1 中，setname2 可以是集合名，也可以是集合值。

add()方法示例如下。

```
>>> s1={1,3,5,7,9}
>>> s1.add(11)
>>> s1
{1, 3, 5, 7, 9, 11}
>>> s1.add(5)
>>> s1
{1, 3, 5, 7, 9, 11}
```

如果增加的元素还没有包含在集合中，则它会被增加到集合中并且集合的大小加 1，但是由于集合不能包含重复的元素，如果试图增加一个集合已包含的元素，如集合 s1 中的元素 5 已经存在，所以 s1.add(5)执行后，集合不会被修改。

```
>>> s2={("手机",7120),("路由器",820),("移动硬盘",1200)}
>>> s2.add(("打印机",2560))
>>> s2
{('路由器', 820), ('手机', 7120), ('打印机', 2560), ('移动硬盘', 1200)}
```

集合 s2 新增加的元素是元组，所以小括号("打印机",2560) 表示是一个元素，如果缺少小括号则表示两个元素，add()方法抛出错误异常。

update()方法示例如下。

```
>>> s1={1,3,5,7,9}
>>> s2={2,4,6,8,10}
>>> s1.update(s2)              #参数 s2 是数组名
>>> s1
{1, 2, 3, 4, 5, 6, 7, 8, 9, 10}


>>> s1={1,3,5,7,9}
>>> s1.update({2,4,5,6,7})              #参数包含 5 个元素的集合
>>> s1
{1, 2, 3, 4, 5, 6, 7, 9}
```

s1 输出结果显示，{2,4,5,6,7}中的一些元素与集合 s1 中的元素重复，所以 s1 中不增加重复的元素。

2. 删除元素

删除集合中的独立元素时，可以使用 discard()和 remove()方法来实现。两个方法的语法格式分别如下。

```
setname.discard(element)
setname.remove(element)
```

这两个方法的功能类似，相同点是都从集合中删除指定的元素值；不同点是当删除的元素不存在时，remove()方法会抛出异常错误，discard()方法不给出提示信息。

例如：

```
>>> s=set("abcdefgh")
>>> s
{'f', 'a', 'c', 'e', 'b', 'd', 'g', 'h'}
>>> s.remove('a')
>>> s.discard('h')
>>> s
```

```
{'f', 'c', 'e', 'b', 'd', 'g'}
```

删除单个元素的方法还有 pop()，其语法格式如下。

```
setname.pop()
```

从集合的左侧删除一个元素，并作为其返回值。继续上面的示例：

```
>>> s.pop()
'f'
```

删除集合中的所有元素时可以使用 clear()方法，执行后集合为空集合。示例如下。

```
>>> s.clear()
>>> s
set()
```

5.4.3　集合的运算

1．子集、父集

当且仅当第一个集合中的每一个元素都是第二个集合中的元素时，第一个集合是第二个集合的子集，第二个集合是第一个集合的父集。例如，集合 s1={1,3,5,7,9}，s2={1,2,3,4,5,6,7,8,9,10}，则称 s1 是 s2 的子集，s2 是 s1 的父集。集合的 issubset()方法和 issuperset()方法可以判断一个集合是否是另一个集合的子集或父集，返回值是逻辑值 True 或 False。

```
>>> s1={1,3,5,7,9}
>>> s2={1,2,3,4,5,6,7,8,9,10}
>>> s1.issubset(s2)        #s1 是 s2 的子集
True
>>> s2.issuperset(s1)      #s2 是 s1 的父集
True
```

2．并集

两个集合的并集组成一个新的集合，其中包含两个集合中的所有元素，如果有重复元素将被去除。集合的 union()方法可以创建两个集合的并集，并返回一个新的集合，原始的两个集合不受影响。

```
>>> s1={1,3,5,7,9}
>>> s2={1,2,4,6,8,10}
>>> s=s1.union(s2)
>>> s
{1, 2, 3, 4, 5, 6, 7, 8, 9, 10}
```

在 union()组成并集时，集合顺序并不重要，s=s2.union(s1)等价于 s=s1.union(s2)。

集合 s1 和 s2 都有元素 1，并集后的 s 还是一个集合，所以只保留一个 1。

3. 交集

两个集合的交集组成一个新的集合，其中包含所有同时属于两个集合的元素。创建两个集合的交集时，可以使用 intersection()函数。

```
>>> s1=set(n for n in range(1,100) if n%3==0)    #100 以内被 3 整除的正整数
>>> s2=set(n for n in range(1,100) if n%5==0)    #100 以内被 5 整除的正整数
>>> s=s1.intersection(s2)         #100 以内同时被 3 和 5 整除的正整数
>>> s
{75, 45, 15, 90, 60, 30}
```

在 intersection ()组成交集时，集合顺序并不重要，s=s2. intersection (s1)等价于 s=s1. intersection (s2)。

4. 差集

两个集合的差集组成一个新的集合，其中包含属于第一个集合但不属于第二个集合的元素。创建两个集合的差集时，可以使用 difference()函数。接上述示例，执行下面的代码。

```
>>> s3=s1.difference(s2)
```

集合 s3 的元素包含在 s1 中但不包含在 s2 中，也就是 100 以内被 3 整除但不能被 5 整除的正整数。与并集、交集不同，执行差集时与两个集合的顺序是有关系的，接上述示例，执行下面的代码。

```
>>>s4=s2.difference(s1)
```

集合 s4 的元素是 100 以内被 5 整除但不能被 3 整除的正整数。

5. 集合的数学运算

Python 的集合和数学中的集合类似，上面介绍的运算可以通过相应的运算符来实现，如表 5-3 所示。

表 5-3　集合运算符

运算符	表达式	说明
|	s1 | s2	取并集
&	s1 & s2	取交集
-	s1-s2	取差集
^	s1^s2	取对称差集
==	s1==s2	判断是否相等
!=	s1!=s2	判断是否不等

下面通过示例来介绍集合运算符。例如：

```
>>> s1=set("i like Python")
>>> s2=set("i like c++")
>>> s3=s1 & s2        #运算符 "&"，取 s1 和 s2 的交集
>>> s3
{'l', 'e', ' ', 'k', 'i'}
>>> s4= s1 | s2       #运算符 "|"，取 s1 和 s2 的并集
>>> s4
{'l', 'e', 'y', ' ', '+', 'P', 'k', 'i', 'n', 'o', 't', 'c', 'h'}
>>> s5=s1-s2          #运算符 "-"，取 s1 和 s2 的差集
>>> s5
{'y', 'P', 'n', 'o', 't', 'h'}
>>> s6=s1^s2     #运算符 "^"，取 s1 和 s2 的对称差集，s6 中的元素属于 s1 和 s2，
但不属于 s1 和 s2 的交集，即并集-交集
>>> s6
{'y', '+', 'P', 'n', 'o', 't', 'c', 'h'}
>>> s3==s4           #运算符 "=="，判断集合是否相等
False
>>> s3!=s4           #运算符 "!="，判断集合是否不等
True
```

例 5-12　输入一个整数 a，统计 a 中出现的不同数字，并计算不同数字的乘积。

【问题分析】

利用集合的不重复特性，把整数 a 按照字符的形式输入，赋值给一个集合，集合即可得到不同的数字字符，通过 for 循环遍历集合对元素进行累计。

【参考代码】

```
a=input("输入一个整数：")
s=set(a)
f=1
for n in s:
    f=f*int(n)              #把数字字符转换为数值
print("不同的数字有：",s)
print("不同数字的乘积为：",f)
```

【运行结果】

```
输入一个整数：567689
不同的数字有： {'7', '5', '8', '9', '6'}
不同数字的乘积为： 15120
```

习　题

1．编写程序，计算并输出一个矩阵的两条对角线上元素之和，矩阵元素存放在元组中。

2．定义一个字典，把月份名称的缩写映射到月份名称上。

3．给定一个字典 gradecounts={'A':8, 'C':18, 'E':2, 'B':20, 'D':6}，编写 Python 语句输出所有的键、所有的值、所有的键值对（所有键值对按键排序），以及平均值。

4．给定 3 个集合 set1、set2 和 set3，编写 Python 语句执行以下操作。

1）创建一个新集合，其中的元素在 set1 或 set2 中，但不同时属于这两个集合。

2）创建一个新集合，其中的元素只属于 set1、set2 和 set3 这 3 个集合中的一个集合。

3）创建一个新集合，其中的元素恰好属于 set1、set2 和 set3 这 3 个集合中的两个集合。

4）创建一个新集合，其中包含在 1～25 的范围内但不在 set1 中的所有整数元素。

5）创建一个新集合，其中包含在 1～25 的范围内但不在 set1、set2 或 set3 任何一个集合中的所有整数元素。

6）创建一个新集合，其中包含在 1～25 的范围内但不同时属于 set1、set2 和 set3 这 3 个集合的所有整数元素。

5．某市举办厨艺大赛，决赛后 8 位评委对入围的 6 名选手给出了最终的评分。请根据评分表（表 5-4）编写程序，将每名选手的得分去掉一个最高分和一个最低分后求平均分，并按照平均分由高到低的顺序输出选手编号和最后得分。

表 5-4　评分表　　　　　　　　　　　　　　　　　　（单位：分）

编号	评分							
	评委 1	评委 2	评委 3	评委 4	评委 5	评委 6	评委 7	评委 8
002	94	96	98	92	89	88	95	93
020	98	88	92	96	90	92	90	91
118	92	97	95	98	92	92	89	90
030	90	91	97	92	89	96	90	95
125	96	92	90	90	92	98	92	88
024	88	97	91	92	98	92	95	97

6．选择一个整数 n，使用一个用于计算素数的函数计算小于 n 的所有素数。首先把所有从 2 到 n 的数字插入一个集合中，然后删除 2 的所有倍数（除 2 之外），也就是 4，6，8，10，12……再删除 3 的所有倍数，也就是 6，9，12……n。剩余的数字都是素数。

7．现有一个列表，num = [2,3,7,12,6,4,1,5,7,2]，请找到列表中任意两个相加等于 8 的元素集合，如[(2, 6), (1, 7)]。要求两个元素相同前后位置不同的元素集合只保留一个，如(1,7)和(7,1)代表一个元素。

8．现有列表 listsala=[{'name':'zhangsan','1 月':9000,'2 月':9500,'3 月':9200},{'name': 'lisi',

'1 月':8000,'2 月':8500,'3 月':8200},{ 'name':'wangwu','1 月':7000,'2 月':7500,'3 月':7200}],
存储了 3 个人第一季度的工资，提取每个人每月的工资存入列表并按降序排序，计算每
个人的平均工资存入工资列表，最后将其转化为字典 salarys，输出字典的内容示例如下。

```
{'zhangsan': [9500, 9200, 9000, 9233], 'lisi': [8500, 8200, 8000, 8233],
'wangwu': [7500, 7200, 7000, 7233]}
```

第 6 章 面向对象程序结构

本章介绍面向对象程序设计方法中提出的类、对象、继承、多态性和重载等相关概念，并介绍在 Python 中如何实现面向对象程序设计方法。

6.1 类的定义和使用

客观世界是由千千万万个事物组成的，对于同一种事物，如汽车，它们具有相同的结构特征和行为特征，只是表示内部状态的数据值不同。人们在认识事物时总是将具有相同特征的事物归为一类，属于某类的一个事物具有该类事物的共同特征。为了描述这种具有相同结构特征和行为特征的对象，面向对象方法引入了类的概念。

类是对一组具有相同特征的对象的抽象描述，所有这些对象都是这个类的实例。汽车是一个类，而一个具体的汽车则是汽车类的一个对象，也称为一个实例。

类是面向对象程序设计的核心，利用它可以实现数据的封装、隐藏，通过它的继承与派生，能够实现对问题的深入抽象描述。在面向过程的程序设计中，程序是由作为模块的函数组成的；而在面向对象程序设计中，程序是由类的实例——对象构成的。函数是逻辑上相关的语句与数据的封装，用于完成特定的功能；而类则是逻辑上相关的函数与数据的封装，是对要处理的问题的抽象描述。因此，后者的集成度更高，更适合大型复杂程序的开发。

从程序设计的角度来考察类这个概念，它实际上也就相当于一种用户自定义的数据类型。程序中可以定义某种数据类型的变量，同样可以定义某个类的变量，类的变量称为类的对象（或实例），这个定义的过程也被称为类的实例化。和基本数据类型的不同之处在于，类这个特殊类型中包含了对数据进行操作的函数。

6.1.1 类的定义

类是对一组客观对象的抽象，它将该组对象所具有的共同特征（包括结构特征和行为特征）进行归纳抽象，以说明该组对象的性质和能力。因此，一个类至少包含以下两个方面的描述：类所有实例共同具有的属性或结构特征，称为类的数据成员；类所有实例共同具有的操作、行为或方法，称为类的成员方法。数据成员类似于一般变量的定义，成员方法类似于一般的函数定义，但它们在类定义时有访问权限设置。在使用类之前必须要定义类。

Python 支持用 class 语句来创建类，class 关键字后面是类名称，后面一个冒号。使用 class 语句构建类的一般格式如下。

```
class classname:
    [数据成员名 1=初始值]
```

```
        [数据成员名2=初始值]
        ……
        [def 方法名1(self[,行参列表]):]
            [self.数据成员名1=形参]
            [self.数据成员名2=初始值]
            ……
        [def 方法名2(self[,行参列表])]
            ……
```

其中:

1) classname 是类名，命名规则与标识符相同，但根据 Python 的编码风格，类名的首字母一般要大写。

2 "数据成员名 1=初始值" 表示定义数据成员的初始值，x=1,2,…。

3) "def 方法名 x(self[,行参列表])" 表示定义成员方法（函数），其中 self 是必备参数，形参列表不是必需的，根据具体程序要求进行设置。

4) "self.数据成员名 x=形参" 为数据成员赋初值。

例 6-1 创建一个学生成绩的类，用于统计学生两门课程成绩之和，并统计人数。

【参考代码】

```
class Stuscore:                          #定义名称为Stuscore的类
    total=0
    def __init__(self,name,score1,score2):    #定义构造函数
        self.name=name                   #数据成员赋初值
        self.__score1=score1             #数据成员赋初值
        self.__score2=score2             #数据成员赋初值
        Stuscore.total+=1                #数据成员计数

    def addscore(self):                  #定义成员方法
        return(self.__score1+self.__score2)
```

【说明】

1) 在 Stuscore 类中，包括两个成员方法，addscore()的功能是输出学生总成绩，和一般函数的定义使用相同。比较特殊的是__init()__函数，它称为构造函数，包含了 4 个参数，函数体中的 name、__score1、__score2（前面是两个下划线）是类的数据成员，形参 name、score1 和 score2 给数据成员赋初值，分别表示学生的姓名和两门课程的成绩。

2) 在成员方法中都包含一个参数 self，且是方法的第一个参数。在构造函数中 3 个变量以 self 为前缀，这些变量可供类中的所有方法使用，并且还可以通过类的任何实例来访问这些变量。self.name 获取了存储在形参 name 中的值，并将其存储到变量 name 中，称为类的属性。

6.1.2 类的引用

创建一个类后，相当于创建了一种新的数据类型。和基本数据类型类似，类需要定义一个该类型的变量来实现数据的操作，这个变量称为类的对象（或实例）。

设计一个类时，需要为类指定公开的接口。一个类的公开接口包括该类用户可能想应用于该对象的所有方法。例 6-1 中的属性 name 和成员方法 addscore()构成了该类的公开接口，数据和方法构成了该类的私有实现。创建对象实例的一般格式如下。

> 对象名=类名 [(实参列表)]

例如，stu1=Stuscore('zhangsan',80,90)。

这里使用例 6-1 中编写的 Stuscore 类，定义变量 stu1 使 Python 创建了一个名为"zhangsan"，成绩为 80、90 的 Stuscore 对象，遇到这行代码时，Python 使用该语句提供的实参调用 Stuscore 类的 __init__()方法。__init__()方法创建了一个表示一个学生的对象，并使用实参提供的值来设置属性 name 及另外两个表示成绩的数据成员。在 __init__()方法中并没有显式地包含 return 语句，但 Python 自动返回一个表示一个学生的对象，这个实例对象存储在变量 stu1 中。

定义对象只是引用类的第一步，下一步需要通过类公开的接口实现对象的访问。公开的接口包括对象的属性（数据成员）和成员方法，具体格式如下。

> 对象.成员名

其中，圆点"."（英文的句点符号）是成员运算符，用于指定访问对象的某个成员。

例 6-2 调用例 6-1 创建的类。

【参考代码】

```
class Stuscore:                        #定义名称为 Stuscore 的类
    略，参见例 6-1 中的代码
stu1=Stuscore('zhangsan',80,90)
print('学生姓名: ',stu1.name)
print("总成绩: ",stu1.addscore())
print("总人数: ",stu1.total)
```

【运行结果】

```
学生姓名: zhangsan
总成绩: 170
总人数: 1
```

【说明】

1）stu1.name 用于访问对象 stu1 的 name 属性。访问对象的属性时，Python 先找到对象 stu1，再找到与这个对象相关联的属性 name。在 Stuscore 类中引用这个属性时，使用的是 self.name。

2）成员运算符同样可以用来调用类定义的任何方法，stu1.addscore()用于调用

Stuscore 类中的 addscore() 方法，来计算两门课程的总和。当遇到代码 print("总成绩：", stu1.addscore()) 时，Python 在类 Stuscore 中查找 addscore() 方法并运行其代码，返回计算结果并输出。

3）程序可按需求根据类创建任意数量的实例，下面创建两个新的学生对象。

```
stu1=Stuscore('zhangsan',80,90)
print('第一个学生姓名：',stu1.name)
print("总成绩：",stu1.addscore())
stu2=Stuscore('lisi',85,92)
print('第二个学生姓名：',stu2.name)
print("总成绩：",stu2.addscore())
print("总人数：", Stuscore.total)
```

这里定义了两个学生，每个学生都是一个独立的对象，有自己的一组属性，能够执行相同的操作。

【运行结果】

```
第一个学生姓名：zhangsan
总成绩： 170
第二个学生姓名： lisi
总成绩： 177
总人数： 2
```

这里定义的两个学生对象是相互独立的两个实例，即使两个对象的姓名相同，Python 同样会根据 Stuscore 类创建不同的对象。Python 对定义对象的数量没有限制，可按照需求根据一个类定义任意数量的对象。

6.1.3 构造函数

类是一系列具有相同性质和功能的对象的集合。对象就是类的实例，二者的关系就相当于数据类型与它的变量的关系，也就是一般与特殊的关系。类描述了一些对象的共同特征，更具有一般性，而对象是类的特例。每个对象区别于其他对象的地方就是依靠它的自身属性，即数据成员的值。因此，解决具体问题时，特定对象的数据成员就是一个关键的问题。在 Python 中，对象在定义时进行的数据成员设置，称为对象的初始化。同样，在特定对象使用结束时，还要对数据成员进行一些清理工作。Python 中类的初始化和清理的工作，分别由两个特殊的成员函数完成，它们就是构造函数和析构函数。

构造函数的作用就是在对象创建时利用特定的值构造对象，将对象初始化为一个特定的状态，使此对象具有区别于其他对象的特征。构造函数完成的是从一般到具体的过程，它在对象被创建时由系统自动调用。

构造函数也是类的一个成员函数（方法），除具有一般成员方法的特征外，还有一些特殊的性质。构造函数的函数名固定为 __init__，开头和结尾各有两个下划线，这是一个约定，避免与普通函数发生冲突。构造函数除在创建对象时由系统自动调用外，其他任何过程都无法再调用到它，也就是只能一次性地影响对象数据成员的初值。

一般构造函数要带若干个参数。第一个参数必须为 self（也可以用其他合法标识符，但 self 是习惯用法），当构造函数被调用并用于创建一个新对象时，self 形参变量被设置为正在被初始化的对象；其他参数对应类的数据成员，其个数与需要在构造函数中赋初值的数据成员的个数一致，用于给数据成员赋初值。

例 6-3 创建一个表示日期的类 Date。

【参考代码】

```
class Date:                                              #创建一个 Date 类
    def __init__(self,year=2021,month=2,day=12):         #定义构造函数
        self.__year=year
        self.__month=month
        self.__day=day
    def setdate(self,year,month,day):
        self.__year=year
        self.__month=month
        self.__day=day
    def showdate(self):
        print(self.__year,self.__month,self.__day)
#定义两个变量
date1=Date()
date1.setdate(2021,2,28)
date1.showdate()
date2=Date()
date2.showdate()
```

【运行结果】

```
2021 2 28
2021 2 12
```

【说明】

构造函数 __init__ 有 4 个参数，除第一个 self 外，其他参数可以带默认值，新建对象时，如果没有给出实参值，就用默认值为相应的数据成员赋初值。程序中定义两个变量 date1 和 date2 时都没有给出实参值，构造函数把参数默认值 2021、2、12 传递给了数据成员 __year、__month 和 __day，因此 date2.showdate()输出的是默认值。变量 date1 由于执行了 setdate(2021,2,28)方法，修改了 __year、__month 和 __day 的值，因此输出的是实参传递到类中的数值。

类的另一个特殊的成员函数是析构函数，它在对象生存期即将结束的时刻由系统自动调用，它的作用与构造函数相反，它执行一些在对象撤销前必须执行的清理任务，如释放由构造函数申请分配的内存等。

析构函数的函数名也是固定的，以 __del__ 为函数名，与构造函数类似，也是在对

象的生命期结束时被系统自动调用。如果类中没声明析构函数，那么系统会自动生成一个默认的析构函数。

在程序中定义一个对象，则系统为其数据成员分配存储空间，然后调用它的构造函数；当对象的生命期结束时，系统调用其析构函数，收回该对象所占用的内存空间。所以析构函数并不能收回对象本身所占用的内存。所有的类中都必须包含构造函数和析构函数，如果在类中没有定义，则系统会自动为类创建默认的构造函数和析构函数。一般来讲，在创建对象时都要进行初始化，所以在类中都要定义构造函数而不使用默认构造函数；而析构函数的定义可根据需要进行。如果在构造函数中进行了内存等系统资源的申请，则必须定义析构函数完成内存的释放，否则可以不定义析构函数。

6.2 》 数据成员和成员方法

6.2.1　类成员的访问权限

类声明体对类所包含的成员进行说明。类的成员分为数据成员和成员函数（方法），数据成员的定义方式与一般变量相同，区别在于其访问权限可以由类来控制，通过设置成员的访问权限的控制属性，从而实现类的成员访问控制，体现了类的隐藏和封装特性。访问控制属性有 3 种类型：私有类型、保护类型和公有类型。在 Python 中，成员的访问权限通过成员命名形式加以区分。

1. 私有类型

私有成员的命名规则是以两个或两个以上的下划线开头，但不以两个或两个以上的下划线结尾。私有成员完全隐藏在类中，实现了访问权限的有效控制。例 6-3 的日期类 Date 中，就定义了 3 个私有整型数据成员__year、__month 和__day，这 3 个数据成员只能由其成员方法 setdate() 和 showdate () 访问，在类外不能直接访问。

私有成员原则上是要求在类的内部访问，如果在类外直接访问私有成员，则 Python 会出现 AttributeError 错误异常。但是可以通过 "_类名__私有成员名" 的形式实现在类外访问私有成员，具体格式如下：

> 对象名._类名__私有成员名

类名前面加一个下划线，后面加两个下划线。例如，访问 Date 类，输出变量 date1 的年份和 date2 的日期，语句如下。

```
print(date1._Date__year)
print(date2._Date__day)
```

这种方式虽然可以访问私有成员，但是违背了面向对象程序设计的封装性，非特殊情况不使用这种方法。

2. 保护类型

保护成员的命名规则是以一个下划线开头，它与私有成员基本相似，但它对类的派生类有影响。它除了可以被本类中的成员函数访问外，还可以被本类的派生类的成员函数访问。

3. 公有类型

除上述私有成员、保护成员及构造函数外，符合命名规则的标识符都可以命名为公有成员。公有成员是类的外部接口，任何外部访问都必须通过这个接口来进行。在日期类 Date 中，定义了设置日期 setdate() 和显示日期 showdate() 两个公有成员方法，外部若想对 Date 类进行操作只能通过调用这两个方法来实现。

6.2.2 数据成员

Python 类中的数据成员分为两类：类成员和对象成员。

1）属于类而不属于该类的任何对象的成员称为类成员。类成员定义的位置是在类内，但不在任何成员方法内，各对象共享同一段存储区域存储类成员，访问类成员时既可以通过类名也可以通过对象名来实现。例如，例 6-2 中的 total 就属于类成员，在输出学生人数时调用类的属性 total 使用了下面两个不同的语句。

```
print("总人数: ",stu1.total)
print("总人数: ", Stuscore.total)
```

分别通过对象名和类名访问了类成员 total。

2）对象成员（实例变量）必须在成员方法包括构造函数中定义，每个对象都有自己的对象成员，不同对象的同名对象成员独立存在，独享一段存储空间，互不影响。对象成员只能通过对象名访问。

3）类的一个特性就是封装，因此编写程序时尽量把对象成员设置为私有的，对对象成员的操作使用成员方法来实现。

4）构造函数在任何方法调用之前被调用，所以在构造函数中创建的对象成员都可以保证在所有方法中可用，因此要养成在构造函数中创建所有的对象成员的习惯。

5）数据成员的生命周期不同，程序开始运行，在定义类时系统给类成员分配存储空间，直到程序结束时才收回所分配的存储空间；对象成员在创建对象时分配存储空间，对象撤销时则收回所分配的存储空间。在程序运行期间，属于类的数据成员一直存在。

例 6-4 创建一个学生成绩类，统计学生的两门课程的总成绩，按输入的顺序从 210001 开始记录学号，同时可以实现学号的修改功能。

【问题分析】

这个类中需要有一个变量记录学生的学号，并要求定义一个对象后自动加 1。这个变量属于类，因此要定义一个类成员来存放变量。

【参考代码】

```
class Stuscore:
    #初始化类成员初值为210000
    stunumber=210000
    #定义构造函数
    def __init__(self,name,score1,score2):
        self.__name=name
        self.__score1=score1
        self.__score2=score2
        self.__sumscore=0
        Stuscore.stunumber+=1                    #学生的学号增加1
        self.__number=Stuscore.stunumber
    #输出学生的学号和姓名
    def disp(self):
        print('学生学号：',self.__number)
        print('学生姓名：',self.__name)
    #计算总成绩并返回
    def addscore(self):
        self.__sumscore=self.__score1+self.__score2
        return self.__sumscore
        #修改学生的学号
    def changenumber(self,number):
        Stuscore.stunumber=number


stu1=Stuscore('zhangsan',80,90)
stu1.disp()
print("总成绩: ",stu1.addscore())
stu2=Stuscore('lisi',60,98)
stu2.disp()
print("总成绩: ",stu2.addscore())
```

【运行结果】

```
学生学号：210001
学生姓名：zhangsan
总成绩: 170
学生学号：210002
学生姓名：lisi
总成绩: 158
```

两个学生的学号通过调用 disp()方法，输出对象成员 self.__number 的值，每个学生有自己独立的 stunumber 变量。由于 stunumber 是类成员（属性），因此可以通过 Stuscore.stunumber 直接获取或修改学号。下面两条语句可以将类成员 stunumber 修改为

210005 并输出。

```
Stuscore.stunumber=210005
print(Stuscore.stunumber)
```

程序中还定义了一个 changenumber()方法，如下。

```
stu2.changenumber(210005)
```

同样可以完成对 stunumber 的修改，等效于上面的第一条指令。

6.2.3 成员方法

在类中定义的成员方法同样可以分为公有方法和私有方法。一般情况下，成员方法定义为公有成员，作为类与外界的接口。但是有时也需要定义一个被其他方法当作辅助函数的方法，这时应该把辅助方法定义为私有方法，私有方法的名称前面有两个下划线"__"，并且私有方法不能通过对象名直接调用，只能在属于对象的方法中通过参数 self 调用。

例 6-5 创建一个计算正方体表面积的类，并通过此类计算边长为 10 的正方体表面积。

【参考代码】

```
class Cubearea:
    def __init__(self,length):
        self.__length=length

    def __squarea(self):
        self.__area=self.__length*self.__length
    def area(self):
        self.__squarea()
        self.__areaofcube=6*self.__area
        return self.__areaofcube

cube1=Cubearea(10)
print("边长为10的正方体表面积为：",cube1.area())
```

【运行结果】

```
边长为10的正方体表面积为：  600
```

例 6-5 中除构造函数外，还有两个成员方法__squarea()和 area()，其中前者是一个私有方法，功能是计算正方形的面积，它不需要在类外访问，作用是为 area()方法提供辅助。注意：在 area()中调用__squarea()时使用的格式为 self.__squarea()。

6.3 》 Magic 函数

Python 中有一种高级语法是 Magic 函数，Magic 函数是以双下划线开头并且以双下划线结尾，形如__×××__()的功能函数，可以用来定义自己类的新特性。Magic 函数是一种特殊方法，它和类中的普通成员方法的不同之处是，普通成员方法需要调用，而 Magic 函数不需要显式调用就可以自动执行。使用 Magic 函数，可以让用户自定义的类有更加强大的特性。

创建类时，Python 用到了两个最基本的 Magic 函数，即__init__ 和__del__。通过__init__ 方法用户可以定义一个对象的初始操作，除此之外 Python 还有一个__new__方法，两个方法共同构成了构造函数，__new__用于创建类并返回这个类的实例，而__init__只是将传入的参数用来初始化该实例。

Magic 函数在类中起到什么作用呢？我们来看下面的示例，创建一个 Listmagic 类。

```
class Listmagic:
    def __init__(self,num):
        self.__num = num
```

创建一个 Listmagic 变量 a，实参是一个列表，输出列表项。

```
a = Listmagic(['a','b','c'])
for x in a._Listmagic__num:
 print( x)
```

在 for 循环中，需要在_Listmagic__num 中遍历，这种形式的遍历需要了解类的定义详情，但是类有封装性，无法知道类的私有成员。现在在类中增加__getitem__方法。

```
class Listmagic:
    def __init__(self,num):
        self.__num = num
    def __getitem__(self, item):
        return self.__num[item]
    a = Listmagic(['a','b','c'])
for x in a:
    print( x)
```

上例中，Listmagic 类中的__getitem__是一个 Magic 函数，功能是返回一个有序化数组的值。引用了 Magic 函数__getitem__，这个 Listmagic 类就拥有了该 Magic 函数的功能。因为__getitem__把 self.__num 定义为序列，所以 Listmagic 具有了可迭代功能。

Python 中每个 Magic 函数都对应了一个 Python 内置函数或操作,如__str__对应 str()函数，__lt__对应小于号 "<" 等。

Python 中的 Magic 函数的分类如表 6-1 所示。

表 6-1　Magic 函数的类别、运算符、函数和功能

类别	运算符、函数/功能	Magic 函数
算数类	+	__add__(self, other)
	–	__sub__(self, other)
	*	__mul__(self, other)
	/	__truediv__(self, other)
	//	__floordiv__(self, other)
	%	__mod__(self, other)
	**	__pow__(self, other[, modulo])
	&	__and__(self, other)
	^	__xor__(self, other)
	|	__or__(self, other)
	<<	__lshift__(self, other)
	>>	__rshift__(self, other)
	–（取负数）	__neg__(self)
	+（取正数）	__pos__(self)
	abs()	__abs__(self)
	~	__invert__(self)
	complex()	__complex__(self)
增量赋值	+=	__iadd__(self, other)
	–=	__isub__(self, other)
	*=	__imul__(self, other)
	//=	__ifloordiv__(self, other)
	/=	__itruediv__(self, other)
	%=	__imod__(self, other)
	**=	__ipow__(self, other)
	>>=	__ilshift__(self, other)
	<<=	__irshift__(self, other)
	&=	__iand__(self, other)
	|=	__ior__(self, other)
	^=	__ixor__(self, other)
类型转换	int()	__int__(self)
	long()	__long__(self)
	float()	__float__(self)
	oct()	__oct__(self)
	hex()	__hex__(self)
	round()	__round__(self, n)
	floor()	__floor__(self)
	ceil()	__ceil__(self)
	trunc()	__trunc__(self)

续表

类别	运算符、函数/功能	Magic 函数
比较	<	__lt__(self, other)
	<=	__le__(self, other)
	==	__eq__(self, other)
	!=	__ne__(self, other)
	>=	__ge__(self, other)
	>	__gt__(self, other)
类的表示、输出	对对象进行字符串格式化	__str__(self)
		__repr__(self)
	len()	__len__(self)
	hash()	__hash__(self)
	bool()	__nonzero__(self)
	dir()	__dir__(self)
	sys.getsizeof()	__sizeof__(self)
类的构造和初始化	构造函数	__new__(self, ...)
		__init__(self, ...)
	析构函数	__del__(self)
属性访问	获取属性名	__getattr__(self, name)
	属性名赋值	__setattr__(self, name, value)
	删除属性	__delattr__
自定义容器	获取项目	__getitem__(self, key)
	设置项目值	__setitem__(self, key, value)
	删除项目	__delitem__(self, key)
	返回一个容器迭代器	__iter__(self)
	reversed()	__reversed__(self)
	in	__contains__(self, item)
	not in	__missing__(self, key)
反射	isinstance()	__instancecheck__(self, instance)
	issubclass()	__subclasscheck__(self, subclass)
可调用的对象	允许类的实例像函数一样被调用	__call__(self, [args...])
复制	copy.copy()	__copy__(self):
	copy.deepcopy()	__deepcopy__(self, memodict={})
描述器	取得描述器的值	__get__(self, instance, owner)
	修改描述器的值	__set__(self, instance, value)
	删除描述器的值	__delete__(self, instance)
上下文管理	返回需要被管理的资源	__enter__(self)
	释放、清理资源	__exit__(self, exception_type, exception_value, traceback)

例 6-6　创建基于类的上下文管理器，实现在文本文件 hello.txt 中写入 "hello Python"。

【参考代码】

```
#定义一个类
class Filewrite:
    def __init__(self, name, mode):
        print('调用 __init__方法')
        self.__name = name
        self.__mode = mode
        self.__file = None
    #在类中实现__enter__，并完成文件的打开操作
    def __enter__(self):
        print('调用 __enter__ 方法')
        self.__file = open(self.__name, self.__mode)
        return self.__file
    #在类中实现__exit__，并完成文件的关闭操作
    def __exit__(self, exc_type, exc_val, exc_tb):
        print('调用 __exit__方法')
        if self.__file:
            self.__file.close()


#使用 with 语句来执行上下文管理器
with Filewrite('hello.txt', 'w') as f:
    print('准备好写文件')
    f.write('hello Python')
```

【运行结果】

```
调用 __init__方法
调用 __enter__ 方法
准备好写文件
调用 __exit__方法
```

打开文本文件 hello.txt，文件中内容"hello Python"。

例 6-7 创建 Mylist 类，利用 Magic 函数实现列表的相加运算和乘法运算。

【参考代码】

```
class Mylist:
    def __init__(self, iterable):
        self.__listdata = list(iterable)
    def __add__(self, other):                   #列表相加
        return Mylist(self.__listdata + other.__listdata)
    def __mul__(self, other):                   #列表乘法运算
        # other 为 int 类型，不能用 other.data
        return Mylist(self.__listdata * other)
```

```
        def __str__(self):                              #输出字符串形式
            return 'Mylist(%s)' % self.__listdata

L1 = Mylist([1, 2, 3,4])
L2 = Mylist([5, 6,7,8])
L3 = L1 + L2
print(L3)
L4 = L2 + L1
print(L4)
L5 = L1 * 3
print(L5)
```

【运行结果】

```
Mylist([1, 2, 3, 4, 5, 6, 7, 8])
Mylist([5, 6, 7, 8, 1, 2, 3, 4])
Mylist([1, 2, 3, 4, 1, 2, 3, 4, 1, 2, 3, 4])
```

其中，__str__ 函数是当一个对象被输出或转换为字符串时，会被 Python 自动调用，构建并返回该对象值的一个字符串表示形式。

Magic 函数不属于定义它的那个类，只是增强了类的一些功能。实现了特定的 Magic 函数之后，某些操作会变得特别简单，因此可以使用 Magic 函数来灵活地设计我们需要的类。本节简要介绍了 Magic 函数，详细内容可以查阅 Python 说明文档和相关论坛。

6.4 》继承与多态

6.4.1　继承与派生

继承是 Python 的另一个很重要的机制，该机制支持面向对象设计思想中的层次概念。它允许一个类继承其他类的属性和功能，被继承的类称为基类或父类，继承的类称为派生类或子类。派生类不仅可以继承基类的功能和属性，还可以根据需要定义新的属性和功能，以剔除那些不适合其用途的操作，增加新的功能。因此，继承可使用户重用基类的代码，专注于派生类的新代码，提高代码的可重用性。

定义派生类的语法格式如下。

```
class 派生类类名(基类名):
     定义派生类新增数据成员
     定义派生类新增成员方法
     定义派生类覆盖方法
```

【说明】

（1）定义派生类的构造函数

由于派生类中包含从基类继承来的和派生类中新声明的数据成员，因此在创建一个派生类的对象时不仅要对派生类中新增加的成员进行初始化，还要对基类中的数据进行初始化。要实现对继承来的基类数据的初始化，派生类的构造函数必须调用基类的构造函数。因此，在定义派生类的构造函数时除对自己的新增数据成员初始化外，还必须负责调用基类构造函数，使基类的数据成员得以初始化。构造函数格式如下。

```
def __init__(self,基类形参):
    基类名.__init__(self,基类形参,新增形参)
    self.数据成员=新增形参
    ......
```

（2）派生类对基类成员方法的覆盖

派生类继承了基类的方法，如果基类的方法不能满足需要，则派生类可以定义同基类中的成员方法同名的成员。在派生类中，从基类继承来的该成员方法被 Python 藏起来，从而可以实现派生类对从基类继承来的成员方法的覆盖。

例 6-8　利用派生类的方法计算若干个相同正方形的面积总和。

【问题分析】

首先创建一个计算正方形面积的类 Squarearea 作为基类，代码如下。

```
class Squarearea:
    def __init__(self,length):
        self.__length=length
        self.__area=0

    def squarea(self):
        self.__area=self.__length*self.__length
        return(self.__area)
    def disp(self):
        print("正方形的表面积为：",self.__area)
```

这个类实现的是计算一个正方形的面积，如果计算多个正方形的面积，则按照前面的方法也可以实现。现在创建一个派生类来完成多个正方形的面积计算，在基类的基础上数据成员增加了一个记录个数的变量，这个变量在构造函数上体现，并且派生类的构造函数要调用基类的构造函数，代码如下。

```
def __init__(self,length,number):
    Squarearea.__init__(self,length)        #调用基类的构造函数
    self.__n=number                          #__n 用来记录个数
```

在基类中有一个计算正方形面积的方法 squarea()，因此在派生类中可以调用此方法计算__n 个正方形的面积，这个功能需要派生类新增一个成员方法类完成，代码如下。

```
    def allarea(self):
        return(self.__n * self.squarea())
```

计算出总面积后，需要把结果输出，在基类中有一个 disp()方法用于输出正方形面积的输出语句，但并不符合派生类的要求，因此在派生类中需要重新编写 disp()方法的语句，以满足输出要求，这样派生类的 disp()方法就会把基类的 disp()方法覆盖，当对象调用 disp()方法时执行的是派生类的方法，代码如下。

```
    def disp(self):
        print("正方形的面积总和为",self.allarea())
```

【参考代码】

```
class Squarearea:
    def __init__(self,length):
        self.__length=length
        self.__area=0

    def squarea(self):
        self.__area=self.__length*self.__length
        return(self.__area)
    def disp(self):
        print("正方形的表面积: ",self.__area)

 class Sumarea(Squarearea):
    def __init__(self,length,number):
        Squarearea.__init__(self,length)
        self.__n=number
    def allarea(self):
        return(self.__n * self.squarea())

    def disp(self):
        print("正方形的面积总和为: ",self.allarea())
n=eval(input("输入正方形的个数: "))
squ=Sumarea(10,n)
squ.disp()
```

【运行结果】

```
输入正方形的个数: 10
正方形的面积总和为:1000
```

本例中 Sumarea 类是基类 Squarearea 的派生类，squ 是派生类 Sumarea 的对象，同时也是基类 Squarearea 的对象。Python 中有两个函数，用于判断一个对象是否是一个类的实例，一个类是否是另一个类的子类。

```
isinstance(object, classinfo)
#功能是判断对象 object 是否是 classinfo 类的实例或子类
issubclass(class, classinfo)
#功能是判断 class 类是否是 classinfo 类的子类
#在例 6-8 后面添加下列 3 条语句
print(isinstance(squ,Sumarea))
#判断 squ 是否是派生类 Sumarea 的实例，结果为 True
print(isinstance(squ,Squarearea))
#判断 squ 是否是基类 Squarearea 的实例，结果为 True
print(issubclass(Sumarea,Squarearea))
#判断 Sumarea 是否是基类 Squarearea 的子类，结果为 True
```

当派生类只有一个基类时，称这种继承方式为单一继承；当派生类有多个基类时，则称这种继承方式为多重继承。

6.4.2 多态

派生类从基类中继承了基类的成员，多个不同的派生类在继承基类后又可以根据各自功能的需要分别重写成员方法，而覆盖了基类的方法，也就是说基类的同一个方法在继承的派生类中表现出不同的形式，面向对象程序设计称之为多态（polymorphism，意思是多种形态）。多态首先是建立在继承的基础上的，先有继承才能有多态。

Python 的多态主要体现在函数重载和运算符重载中。

例 6-9 函数重载多态示例。

【参考代码】

```
#定义基类，两个数值运算
class Calculate():
    def __init__(self,var1,var2):          #定义构造函数
        self._var1=var1                     #数据成员定义为受限制类型
        self._var2=var2
        self._resualt=0
    def cal(self):                          #定义计算成员方法
        pass                                #空语句
#定义派生类，实现加法运算
class Addcal(Calculate):
    def __init__(self,var1,var2):          #定义构造函数
        Calculate.__init__(self,var1,var2)  #调用基类构造函数
    def cal(self):                          #对基类的计算成员方法重载
        self._resualt=self._var1+self._var2
        return(self._resualt)
#定义派生类，实现减法运算
```

```
class Subbcal(Calculate):
    def __init__(self,var1,var2):
        Calculate.__init__(self,var1,var2)
    def cal(self):
        self._resualt=self._var1-self._var2    #对基类的计算成员方法重载
        return(self._resualt)
#定义派生类，实现乘法运算
class Mulcal(Calculate):
    def __init__(self,var1,var2):
        Calculate.__init__(self,var1,var2)
    def cal(self):
        self._resualt=self._var1*self._var2    #对基类的计算成员方法重载
        return(self._resualt)
#定义派生类，实现除法运算
class Divcal(Calculate):
    __error="除数不能为 0"
    def __init__(self,var1,var2):
        Calculate.__init__(self,var1,var2)
    def cal(self):                             #对基类的计算成员方法重载
        if self._var2 !=0 :
            self._resualt=self._var1/self._var2
            return(self._resualt)
        else:
            return(Divcal.__error)
#分别调用 4 种运算，第 5 种情况是除数为 0 的情况
call=Addcal(1,2)
print("计算结果：{}".format(cal1.cal()))
cal2=Subbcal(1,2)
print("计算结果：{}".format(cal2.cal()))
cal3=Mulcal(1,2)
print("计算结果：{}".format(cal3.cal()))
cal4=Divcal(1,2)
print("计算结果：{}".format(cal4.cal()))
cal5=Divcal(1,0)
print("计算结果：{}".format(cal5.cal()))
```

【运行结果】

```
计算结果：3
计算结果：-1
计算结果：2
计算结果：0.5
计算结果：除数不能为 0
```

【说明】

本例基类 Calculate 中的 cal()方法中使用了一条语句 pass，在 Python 中 pass 是空语句，不做任何事情，一般用作占位语句，主要功能是保持程序结构的完整性。由于基类的 cal()方法没有具体的计算语句，需要在各派生类中再具体定义其功能（函数重载），不同对象调用同一函数后实现不同的功能，如 Addcal 对象调用 cal()方法完成加法运算，Subbcal 对象调用 cal()方法完成减法运算等，实现了多态。

类的多态除函数重载外，还有运算符重载。所谓运算符重载，是指在类中定义并实现一个与运算符对应的处理方法，这样当类对象在进行运算符操作时，系统就会调用类中相应的方法来处理。6.3 节介绍了运算符对应的 Magic 函数，Python 可以通过重载类中内置的 Magic 函数来实现运算符的重载，适当合理地重载运算符会使 Python 代码更容易阅读，有利于增强类的功能。因此 Python 对运算符重载有相应的限制，不能重载内置类型的运算符，不能新建运算符，只能重载现有的，并且有些运算符不能重载，如 is、and、or 和 not。

例 6-10　通过运算符重载统计一个家庭的水费、电费和燃气费。

【参考代码】

```
class Homeconsume:
    def __init__(self,home,waterbill,powerbill,gasbill):
        self.__home=home
        self.__waterbill=waterbill
        self.__powerbill=powerbill
        self.__gasbill=gasbill

    def __add__(self,other):              #计算 3 种费用的和
        self.__waterbill=self.__waterbill+other.__waterbill
        self.__powerbill=self.__powerbill+other.__powerbill
        self.__gasbill=self.__gasbill+other.__gasbill
return(Homeconsume(self.__home,self.__waterbill,self.__powerbill,self.__gasbill))
    def __str__(self):
        return "家庭：{}，水费：{}，电费：{}，燃气费{}".format(self.__home,self.__waterbill,\
            self.__powerbill,self.__gasbill)

    #计算 3 个月的消费总额
    month1=Homeconsume("zhangsan",10.5,101,32.4)
    month2=Homeconsume("zhangsan",20.2,112.5,24.6)
    month3=Homeconsume("zhangsan",25,97.8,30.5)
    print(month1+month2+month3)
```

【运行结果】

家庭：zhangsan，水费：55.7，电费：311.3，燃气费87.5

习 题

1. 什么是类？类的定义形式是什么？类的私有类型、保护类型、公有类型成员之间的区别是什么？

2. 什么是对象？如何定义一个对象？对象的成员如何访问？

3. 构造函数和析构函数的作用是什么？

4. 已知类 A 中有数据成员 x，如果定义了 A 的两个对象 a1 和 a2，它们各自的数据成员 x 的值可以不同吗？

5. 定义一个复数类，数据成员为实部和虚部，具有设置值、读取值和输出功能。

6. 定义一个矩形类，数据成员为对角线两点的坐标（x1,y1）和（x2,y2），均为整型，具有的功能是求周长、面积，还包含构造函数、设置值及读取值的成员函数。

7. 什么是类的继承与派生？

8. 定义一个三角形类，由键盘输入三角形的边长，设计成员函数实现计算三角形面积和周长的功能。

9. 在已定义三角形类的基础上，定义其派生类三棱锥类，并增加数据成员三棱锥的高度及成员方法，计算三棱锥的体积。

10. 定义学生类，包括基本信息学号、姓名、年龄及两门课程的成绩，通过运算符重载实现若干学生对象的直接相加，加法的功能为基本信息与第一个对象相同，两门课程的成绩分别对应相加。

第 7 章 字 符 串

编程语言中字符串是非常重要的数据类型，占有很重要的地位。Python 语言也同样如此，字符串是除数值数据外最重要的数据类型，是一种特殊的数据集对象。字符串可以表示数字、字母、标点符号、汉字，以及其他特殊符号等各种可以作为文本编码的数据。本章介绍字符串的编码、字符串的运算和正则表达式的用法。

7.1 》字符串编码格式

7.1.1 ASCII 编码

在计算机系统中，有两种重要的字符编码方式：一种是美国国际商业机器公司的扩充二进制码 EBCDIC，主要用于 IBM 的大型主机；另一种是微型计算机系统中使用最多、最普遍的 ASCII（American Standard Code forInformation Interchange，美国信息交换标准码）。该编码已被国际标准化组织接收为国际标准，所以又称为国际 5 号码。因此，ASCII 是目前国际上比较通用的信息交换码。

ASCII 编码有 7 位 ASCII 编码和 8 位 ASCII 编码两种。7 位 ASCII 编码称为基本 ASCII 编码，是国际通用的。它包含 10 个阿拉伯数字、52 个英文大小写字母、32 个字符和运算符，以及 34 个控制码，一共 128 个字符，具体编码如表 7-1 所示。

表 7-1 标准 ASCII 表

ASCII 值		字符	ASCII 值		字符	ASCII 值		字符
十进制	十六进制		十进制	十六进制		十进制	十六进制	
0	0	NUL	14	E	SO	28	1C	FS
1	1	SOH	15	F	SI	29	1D	GS
2	2	STX	16	10	DLE	30	1E	RS
3	3	ETX	17	11	DCI	31	1F	US
4	4	EOT	18	12	DC2	32	20	(space)
5	5	ENQ	19	13	DC3	33	21	!
6	6	ACK	20	14	DC4	34	22	"
7	7	BEL	21	15	NAK	35	23	#
8	8	BS	22	16	SYN	36	24	$
9	9	HT	23	17	TB	37	25	%
10	A	LF	24	18	CAN	38	26	&
11	B	VT	25	19	EM	39	27	'
12	C	FF	26	1A	SUB	40	28	(
13	D	CR	27	1B	ESC	41	29	)

续表

ASCII 值		字符	ASCII 值		字符	ASCII 值		字符
十进制	十六进制		十进制	十六进制		十进制	十六进制	
42	2A	*	71	47	G	100	64	d
43	2B	+	72	48	H	101	65	e
44	2C	,	73	49	I	102	66	f
45	2D	–	74	4A	J	103	67	g
46	2E	.	75	4B	K	104	68	h
47	2F	/	76	4C	L	105	69	i
48	30	0	77	4D	M	106	6A	j
49	31	1	78	4E	N	107	6B	k
50	32	2	79	4F	O	108	6C	l
51	33	3	80	50	P	109	6D	m
52	34	4	81	51	Q	110	6E	n
53	35	5	82	52	R	111	6F	o
54	36	6	83	53	X	112	70	p
55	37	7	84	54	T	113	71	q
56	38	8	85	55	U	114	72	r
57	39	9	86	56	V	115	73	s
58	3A	:	87	57	W	116	74	t
59	3B	;	88	58	X	117	75	u
60	3C	<	89	59	Y	118	76	v
61	3D	=	90	5A	Z	119	77	w
62	3E	>	91	5B	[	120	78	x
63	3F	?	92	5C	\	121	79	y
64	40	@	93	5D	]	122	7A	z
65	41	A	94	5E	^	123	7B	{
66	42	B	95	5F	—	124	7C		
67	43	C	96	60	`	125	7D	}
68	44	D	97	61	a	126	7E	~
69	45	E	98	62	b	127	7F	DEL
70	46	F	99	63	c			

当微型计算机采用 7 位 ASCII 编码作为机内码时，每字节的 8 位只占用了 7 位，而把最左边的那 1 位（最高位）置 0。ASCII 编码中的 0～31 为控制字符，如表 7-2 所示；32～126 为打印字符；127 为 Delete（删除）命令。

表 7-2 控制字符

十进制	十六进制	字符	十进制	十六进制	字符
0	0	空	3	3	正文结束
1	1	头标开始	4	4	传输结束
2	2	正文开始	5	5	查询

续表

十进制	十六进制	字符	十进制	十六进制	字符
6	6	确认	19	13	设备控制 3
7	7	振铃	20	14	设备控制 4
8	8	Backspace	21	15	反确认
9	9	水平制表符	22	16	同步空闲
10	A	换行/新行	23	17	传输块结束
11	B	竖直制表符	24	18	取消
12	C	换页/新页	25	19	媒体结束
13	D	回车	26	1A	替换
14	E	移出	27	1B	转义
15	F	移入	28	1C	文件分隔符
16	10	数据链路转义	29	1D	组分隔符
17	11	设备控制 1	30	1E	记录分隔符
18	12	设备控制 2	31	1F	单元分隔符

需要注意的是，十进制数字字符的 ASCII 值与二进制值是有区别的。例如，十进制数值 3 的 7 位二进制数为 $(0000011)_2$，而十进制数字字符 "3" 的 ASCII 值为 $(0110011)_2$。很明显，它们在计算机中的表示是不一样的。数值 3 能表示数的大小，并且可以参与数值运算；而数字字符 "3" 只是一个符号，它不能参与数值运算。

例 7-1 写出字符 "Python" 的 ASCII 值。

【参考答案】

Python 的十进制形式书写的 ASCII 编码为 80 121 116 104 111 110。在计算机中按二进制编码形式存储：01010000 011110011 01110100 01101000 01101111 01101110。

8 位 ASCII 编码称为扩充 ASCII 编码，由于 128 个字符不够，就把原来的 7 位码扩展成 8 位码，因此它可以表示 256 个字符。前面的 ASCII 部分不变，在编码的 128~255 范围内，增加了一些字符，如一些法语字母。

7.1.2 Unicode 编码

扩展的 ASCII 所提供的 256 个字符，用来表示世界各地的文字编码还显得不够，还需要表示更多的字符和意义，因此又出现了 Unicode 编码。

Unicode 的学名是 Universal Multiple-Octet Coded Character Set，简称为 UCS。Unicode 是计算机科学领域中的一项业界标准，包括字符集、编码方案等。Unicode 是为了解决传统的字符编码方案的局限性，为每种语言中的每个字符设置了统一并且唯一的二进制编码，以满足跨语言、跨平台进行文本转换、处理的要求。

早期的 Unicode 是一种 16 位的编码，通常称为 UCS-2，能够表示 65536 个字符或符号。2020 年 3 月 10 日颁布的 Unicode 13.0 共收录了 143859 个字符，UCS-4 是一个更大的、尚未填充完全的 31 位字符集，加上恒为 0 的首位，共需占据 32 位，即 4 字节。理论上最多能表示 2^{31} 个字符，完全可以涵盖一切语言所用的符号。Unicode 只是规定如何编码，并没有规定如何传输、保存这个编码。Unicode 编码与现在流行的 ASCII 编码完全兼容，二者的前 256 个符号是一样的。

Unicode 编码适用于任何一种语言，但是它统一规定每个字符都是用 4 字节表示，因此会造成存储空间的浪费。例如，在 ASCII 中英文字符只需 1 字节表示即可，但在 Unicode 统一编码中每个英文字符占用 4 字节，因此编码的高位 3 字节都是 0，这对于存储空间来说是很大的浪费。

7.1.3　汉字字符编码

ACSII 只对英文字母、数字和标点符号进行编码。为了在计算机内表示汉字，用计算机处理汉字，同样也需要对汉字进行编码。汉字字符远比西文字符多，因此汉字字符编码至少要用 2 字节。计算机对汉字信息的处理过程实际上是各种汉字编码之间的转换过程。这些编码主要包括汉字输入码、汉字内码、汉字字形码、汉字地址码及汉字信息交换码等。

（1）汉字信息交换码

汉字信息交换码也称为国标码，是用于汉字信息处理系统或汉字信息处理系统与通信系统之间进行信息交换的汉字代码。1981 年，我国颁布了国家标准《信息交换用汉字编码字符集 基本集》（GB/T 2312—1980），即国标码。国标码规定了进行一般汉字信息处理时所用的 7445 个字符编码，其中有 682 个非汉字图形符号（如序号、数字、罗马数字、英文字母、俄文字母、汉语注音等）和 6763 个汉字的代码。2005 年，我国又推出了新国家标准《信息技术 中文编码字符集》（GB 18030—2005），共收录了 27000 多个汉字。GB 18030—2005 的最新版本是《信息技术 中文编码字符集》（GB 18030—2022），以汉字为主并且包含多种我国少数民族文字，录入汉字 70000 多个。由于 1 字节只能表示 2^8（256）种编码，显然用 1 字节不可能表示汉字的国标码，因此一个国标码必须用 2 字节来表示。为了中英文兼容，GB/T 2312—1980 规定，国标码中所有字符（包括符号和汉字）的每字节的编码范围与 ASCII 表中的 94 个字符编码相一致，所以其编码范围是 2121H～7E7EH（共可表示 94×94 个字符）。

（2）汉字内码

汉字内码是为在计算机内部对汉字进行存储、处理而设置的汉字编码，它应能满足在计算机内部存储、处理和传输的要求。当一个汉字输入计算机后就转换为内码，然后才能在机器内传输和处理。汉字内码的形式也是多种多样的，目前对应于国标码，一个汉字的内码也用 2 字节存储，并把每字节的最高二进制位置"1"作为汉字内码的标识，以免与单字节的 ASCII 码混淆产生歧义。也就是说，国标码的 2 字节每字节的最高位置"1"，即转换为内码。

7.1.4　UTF-8 编码

UTF（UCS transfer format）是一种面向网络传输的多种通用字符集传输格式，用于解决 Unicode 网络传输的问题。其中，UTF-8 编码是在互联网上应用最广泛的一种编码，因此 UTF-8 是一种基于 Unicode 的编码格式，但比 Unicode 更实用。

UTF-8 是一种变长的编码方式，它可以使用 1～4 字节表示一个符号，根据不同的符号而变化字节长度，当字符在 ASCII 编码的范围时，就用 1 字节表示，保留了 ASCII 字符 1 字节的编码作为它的一部分，如此一来，UTF-8 编码也可以被视为一种对 ASCII 编码的拓展。值得注意的是，Unicode 编码中一个中文字符占 2 字节，而 UTF-8 中一个中文字符占 3 字节。从 Unicode 到 UTF-8 并不是直接地对应，而是要经过一些算法和规则来转换。在计算机内存中，统一使用 Unicode 编码，当需要保存到硬盘或需要传输时，就转换为 UTF-8 编码。使用记事本编辑时，从文件读取 UTF-8 字符到内存时，转换为 Unicode 字符编辑完成后，保存时再把 Unicode 转换为 UTF-8 保存到文件。与 UTF-8 同系列的还有 UTF-16、UTF-32。

7.1.5　GBK 和 BIG5

GBK 即汉字内码扩展规范，K 为扩展的汉语拼音中"扩"字的声母，英文全称 Chinese Internal Code Specification。GBK 编码标准兼容 GB/T 2312—1980，包含简体字和繁体字，是对 GB/T 2312—1980 的扩展，也就是 CP936 字码表（code page 936）的扩展（之前 CP936 和 GB/T 2312—1980 一模一样）。GBK 将中文、英文字符都用 2 字节存储。

BIG5 称为大五码或五大码。大五码是使用繁体中文社群中最常用的计算机汉字字符集标准，共收录 13060 个中文字。BIG5 码是一套双字节字符集，使用了双八码储存方法，以 2 字节来存储一个字。第一个字节称为"高位字节"，第二个字节称为"低位字节"。高位字节使用 0x81～0xFE，低位字节使用 0x40～0x7E 及 0xA1～0xFE。BIG5 已经成为繁体中文显示的标准格式。

7.2 》 转义字符与原始字符串

7.2.1　字符串转义字符

计算机采用 ASCII 编码为每个字符分配了唯一的编号，称为编码值。这些字符可以分为可见字符和不可见字符。可见字符指的是键盘上的字母、数字和符号，不可见字符是控制字符，表示某一控制功能的字符，如控制符 LF（换行）、CR（回车）、DEL（删除）、BS（退格）等，以及一些通信专用字符。在 Python 中，一个 ASCII 字符除了可以用它的实体（也就是真正的字符）表示外，还可以用它的编码值表示。这种使用编码值来间接地表示字符的方式称为转义字符。对于不可见字符，可以使用转义字符来表示，Python 中转义字符的用法与其他语言相同，都是使用"\"作为转义字符。例如：

```
>>> str="人生苦短\t 我学 Python；\n 人生漫漫\tPython 是岸。"
>>> print(str)
人生苦短    我学 Python；
人生漫漫    Python 是岸。
```

"\n"是换行符，可以另起一行输出后面的内容，制表符的写法是"\t"，作用是对齐数据，使输出结果更美观。例如：

```
print("学号\t 姓名\t 语文\t 数学\t 英语")
print("2017001\t 张三\t99\t88\t0")
print("2017002\t 李四\t92\t45\t93")
print("2017008\t 王五\t77\t82\t100")
```

【运行结果】

学号	姓名	语文	数学	英语
2017001	张三	99	88	0
2017002	李四	92	45	93
2017008	王五	77	82	100

Python 支持的转义字符如表 7-3 所示。

表 7-3　Python 支持的转义字符

转义字符	描述
\ （在行尾时）	续行符
\\	反斜杠符号
\'	单引号
\"	双引号
\a	发出系统响铃声
\b	退格（Backspace）
\e	转义
\000	终止符，忽略后面的字符串
\n	换行
\v	纵向制表符
\t	横向制表符
\r	回车
\f	换页
\oyy	八进制数，yy 代表字符，如\o12 代表换行
\xyy	十六进制数，yy 代表字符，如\x0a 代表换行

例 7-2　已知一个列表 a，将其元素的值输出并对比 "\t" 和 "\n" 的输出效果。

【参考代码】

```
a=[1,2,3,4,5,6,7,8,9,10]
for i in range(10):
    print(a[i],end="")
print()
for  i in range(10):
    if (i+1) %5==0:
        print(a[i],end="\n")
    else:
        print(a[i],end="\t")
```

【运行结果】

```
12345678910
1        2        3        4        5
6        7        8        9        10
```

程序中第一个 for 循环输出列表的每一个元素，中间没有间隔。第二个 for 循环实现每行输出 5 个元素，元素之间使用制表符分隔，每个元素各占 8 列。

7.2.2 原始字符串

转义字符可以将控制字符在程序中输出，为编写程序提供了方便，但有时会带来一些麻烦，如要表示一个包含 Windows 路径 "D:\Program Files\testsys\test.exe" 的字符串，在 Python 程序中直接这样写肯定是不行的（不管是普通字符串还是长字符串）。

```
>>> print("D:\Program Files\testsys\test.exe")
D:\Program Files        estsys  est.exe
```

因为 "\" 字符的特殊性，输出字符串时遇到 "\" 输出结果不同，第一个 "\P" 由于不是转义字符按照原始字符输出，后面有两个 "\t"，系统认为是制表符，从而输出上述结果。因此，需要对字符串中的每个 "\" 都进行转义，也就是写成 "D:\\Program Files\\testsys\\test.exe" 这种形式才行。

```
>>> print("D:\\Program Files\\testsys\\test.exe")
D:\Program Files\testsys\test.exe
```

或

```
>>> print("D:\Program Files\\testsys\\test.exe")
D:\Program Files\testsys\test.exe
```

在字符串书写的过程中要认真仔细，否则很容易出现错误。为了解决转义字符的问题，Python 支持原始字符串。在原始字符串中，"\" 不会被当作转义字符，而字符串的内容也会都保持原始内容输出。在普通字符串或长字符串的开头加上 "r" 前缀，就变成了原始字符串，具体格式如下。

```
str1 = r'原始字符串内容'
str2= r"原始字符串内容"
str3 = r"""原始字符串内容"""
```

将上述例子中的 Windows 路径改写成原始字符串的形式。

```
>>> print(r"D:\Program Files\testsys\test.exe")
D:\Program Files\testsys\test.exe
```

字符串中除 "\" 外，还有一个比较特殊的符号就是引号，引号成对使用表示一个字符串。如果普通格式的原始字符串中出现引号，则程序需要对引号进行转义，否则

Python 无法对字符串的引号精确配对，处理方法如下。

1）如果字符串中输出单引号，就用双引号标识字符串；如果字符串中输出双引号，就用单引号标识字符串。

```
>>> print("I'm a teacher")
I'm a teacher
>>> print('英文双引号是"，中文双引号是"')
英文双引号是"，中文双引号是"
```

2）利用转义字符。在引号前面添加反斜杠"\"就可以对引号进行转义了，让 Python 把它作为普通文本对待，如：

```
>>> print('I\'m a teacher')
I'm a teacher
```

如果使用原始字符串处理带引号的字符串，参考"\"的处理方法，程序会出现以下错误。

```
>>>print(r'I'm a teacher')
SyntaxError: invalid syntax
```

在字符串中单引号前还需要转义字符，但是和普通字符串不同的是，此时用于转义的反斜杠会变成字符串内容的一部分。

```
>>> print(r'I\'m a teacher')
I\'m a teacher
```

Python 支持原始字符串，但如果"\"出现在字符串的结尾仍然会对引号进行转义，从而导致字符串不能正确结束。例如，输出上面的 Windows 路径"D:\Program Files\testsys\test.exe\"，会出现以下语法错误。

```
>>> print(r"D:\Program Files\testsys\test.exe\")
SyntaxError: EOL while scanning string literal
```

Python 利用字符串拼接的方法，把"D:\Program Files\testsys\test.exe\"分成两部分，先写"D:\Program Files\testsys\test.exe"用原始字符串表示，后面的"\"写成包含用转义字符的普通字符串，Python 会自动将这两个字符串拼接在一起。

```
>>> print(r"D:\Program Files\testsys\test.exe""\\")
```

输出结果如下。

```
D:\Program Files\testsys\test.exe\
```

7.3 》 字符串的常用方法

前面介绍了字符串的一些运算，除此之外，还可以使用内置的函数和方法来完成字符串处理，这点与其他 Python 内置类型类似。这些方法和函数可以实现字符串的常用操作，如字符串的大小写转换、回文、查找、替换等，为用户处理字符串提供了诸多便利。根据字符串方法的作用可以把它们按功能划分成不同的类别，下面介绍常用的字符串函数和方法。

1. 字符串的大小写转换

在处理字符串时，经常会判断是否是指定的字符，但不区分大小写，我们可以把字符串统一转换为大写或小写字符。表 7-4 所示为字符串大小写转换函数。

表 7-4　字符串大小写转换函数

函数	功能
str.capitalize()	将字符串的第一个字母变成大写，其余字母变为小写
str.title()	返回一个满足标题格式的字符串，即所有英文单词首字母大写，其余英文字母小写
str.lower()	将字符串中的所有大写字母转换为小写字母
str.upper()	将字符串中的所有小写字母转换为大写字母
str.swapcase()	将字符串中的大小写字母同时进行互换

这些函数可创建并返回一个新的字符串，原始字符串的内容不会发生变化。例如：

```
>>> str="I like Python"
>>> s=str.capitalize()
>>> print(s)
I like python
>>> s=str.title()
>>> print(s)
I Like Python
>>> s=str.lower()
>>> print(s)
i like python
>>> s=str.upper()
>>> print(s)
I LIKE PYTHON
>>> s=str.swapcase()
>>> print(s)
i LIKE pYTHON
```

2. 字符串的查找替换

Python 中有对字符串进行查找和替换的函数，可以方便地查找和替换或删除字符串中的字符，具体如表 7-5 所示。

表 7-5　字符串查找替换函数

函数	功能
str.find(t[,start,end])	查找字符串中 t 第一次出现的位置，若无则返回-1
str.rfind(t[,start,end])	查找字符串中 t 最后一次出现的位置，若无则返回-1
str.index(t[, start, end])	查找字符串中 t 第一次出现的位置，若无则会报错
str.rindex(t[, start, end])	查找字符串中 t 最后一次出现的位置，若无则会报错
str.replace(old, new)	将 str 中所有的 old 字符串替换为 new 字符串，返回一个新字符串
str.expendtabs(n)	将 str 中的每个制表符替换为空格，n 为空格的宽度，返回一个新字符串

【说明】

4 个查找函数可以规定字符串的查找范围，start 表示查找的起始位置，默认值为 0。end 表示查找的结束位置，默认值为字符串长度 len(str)。查找替换函数都不会修改原始字符串的内容。例如：

```
>>> str="Life is short,you need Python"
>>> str.find("s")              #从字符串开始位置查找 "s"
6
>>> str.find("e",10,20)        #从字符串的第 10～20 个范围内查找 "e"
19
>>> str.rfind("s")             #在字符串中从右向左查找 "s"
8
>>> str.index("Python")        #从字符串开始位置查找 "Python"
                               #返回查找字符串第一个字符的位置
23
>>> str.rindex("e")            #在字符串中从右向左查找 "e"
20
>>> str.index("python")        #从字符串开始位置查找 "python"，若不存在
Python，则会报错
Traceback (most recent call last):
  File "<pyshell#16>", line 1, in <module>
    str.index("python")
ValueError: substring not found
>>> str.find("python")         #从字符串开始位置查找 "python"，若不存在则返回-1
-1
>>> str1=str.replace("you","I")   #将字符串中的 "you" 替换为 "I"
>>> print(str1)
Life is short,I need Python
```

```
>>> print(str)
Life is short,you need Python
>>> str2="学号\t姓名\t成绩"
>>> print(str2.expandtabs(10))    #将字符串中的"\t"扩展为空格，长度为10
学号        姓名        成绩
>>> print(str2)                   #将字符串str2中的3个字符串利用制表符分隔
学号  姓名 成绩
```

3. 字符串的合并与拆分

前面内容介绍了字符串的连接方法，使用"+"把字符串连接起来，得到新的字符串，另外还可以利用函数实现字符串的合并与拆分。表 7-6 所示为字符串合并与拆分函数。

表7-6 字符串合并与拆分函数

函数	功能
sep.join(str)	以 sep 作为分隔符，将 str 中的各元素合并连接成一个新的字符串
str.partition(sep)	从字符串开始位置索引 sep，并以 sep 作为分隔符，将字符串 str 进行分割，生成一个三元元组，3 个元素分别为 sep 左侧的字符串、sep 分隔符、sep 右侧的字符串
str.rpartition(sep)	功能与 partition 类似，不同的是从字符串结尾位置索引 sep
str.split(sep)	以 sep 作为分隔符对字符串进行分隔，并返回分隔后的字符串列表
str.rsplit(sep)	功能与 split 类似，不同的是从字符串结尾位置开始分隔
str.splitlines()	返回一个列表，列表元素由字符串 str 的各行构成

例如：

```
>>> a=["Life","is", "short,","you", "need", "Python"]
>>> print(" ".join(a))            #将列表a中的元素以空格分隔,连接成一个字符串
Life is short, you need Python
>>> str = "python"
>>> print(','.join(str))          #以逗号为分隔符连接字符串
p,y,t,h,o,n
>>> print(str.partition('t'))     #以字母t为分隔符，将字符串分隔成一个元组
('py', 't', 'hon')
>>> str1="Life is short, you need Python"
>>> print(str1.partition('.'))
('Life is short, you need Python', '', '')
```

当字符串中没有指定的分隔符时，字符串作为元组的第一个元素，后两个元素为空字符串。

```
>>> print(str1.rpartition(' ')) #从右侧索引分隔
('Life is short, you need', ' ', 'Python')
>>> print(str1.split())         #参数为空，默认以空格为分隔符，返回一个列表
```

```
['Life', 'is', 'short,', 'you', 'need', 'Python']
>>> print(str1.split(' ',1))        #第二个参数表示分隔次数，省略时默认为-1
['Life', 'is short, you need Python']
>>> print(str1.rsplit(' ',1))        #从右向左截取一次
['Life is short, you need', 'Python']
>>> str2="Life is short,\nyou need Python"
>>> print(str2)
Life is short,
you need Python
>>> print(str2.splitlines())         #列表的两个元素是字符串 str2 的两行内容
['Life is short,', 'you need Python']
```

4. 字符串检测

字符串检测类函数用于检测字符串是否满足某种特定格式，并返回逻辑值。如果满足某种特定格式，则返回 True；若不满足，则返回 False。具体函数如表 7-7 所示。

表 7-7　字符串检测函数

函数	功能
str.endswith(c)	检测 str 是否以 c 结尾
str.startswith(c)	检测 str 是否以 c 开头
str.isalnum()	检测 str 是否由字母和数字组成
str.isalpha()	检测 str 是否只由字母组成
str.isdigit()	检测 str 是否只由数字组成
str.isnumeric()	检测 str 是否由数字组成，可以检测中文数字
str.isdecimal()	检测 str 是否由十进制数字组成
str.isidentifier()	检测 str 是否是有效的标识符
str.isupper()	检测 str 是否是由大写字母组成
str.islower()	检测 str 是否是由小写字母组成
str.isspace()	检测 str 是否是由空格组成
str.istitle()	检测 str 中所有单词的首字母是否为大写，且其他字母是否为小写
str.isprintable()	检测 str 是否由可见字符组成
t in str	检测 str 是否包含 t

```
>>> str="Life is short you need Python"
>>> str1="LifeisshortyouneedPython123"
>>> str2="一二三"
>>> str.isalnum()
False
>>> str1.isalnum()
True
>>> print("13".isdigit())
```

```
True
>>> print("abc".isalpha())
True
>>> str2.isdigit()
False
>>> str2.isnumeric()
True
>>> str1.endswith('n')
False
```

5. 字符串的填充与删除

字符串填充与删除函数如表 7-8 所示。

表 7-8　字符串填充与删除函数

函数	功能
str.strip(chars)	删除字符串 str 中左侧和右侧 chars 中列出的字符
str.lstrip(chars)	删除字符串 str 中左侧 chars 中列出的字符
str.rstrip(chars)	删除字符串 str 中右侧 chars 中列出的字符
str.center(n,c)	返回长度 n、str 居中、两边用单个字符 c 填充的字符串
str.ljust(n, c)	返回原字符串左对齐、右侧使用字符 c 填充至指定长度的新字符串
str.rjust(n, c)	返回原字符串右对齐、左侧使用字符 c 填充至指定长度的新字符串
str.zfill(n)	返回原字符串右对齐、左侧使用 0 填充至指定长度的新字符串

例如：

```
>>> str="Great Wall"
>>> print(str.rjust(20,'#'))          #右对齐，左侧填充
##########Great Wall
>>> print(str.ljust(20,'#'))          #左对齐，右侧填充
Great Wall##########
>>> print(str.center(20,'#'))         #两侧填充
#####Great Wall#####
>>> print(str.zfill(10))              #n 的值小于等于字符串的长度,返回原始字符串
Great Wall
>>> print(str.zfill(20))              #n 的值大于字符串的长度,返回原始字符串前面
填充 0 的字符串
0000000000Great Wall
>>> str1="  Great Wall  "
>>> print(str1.strip())               #参数省略，默认为空格
Great Wall
>>> print(str1.lstrip())
Great Wall
```

```
>>> print(str1.lstrip(),'hello')
Great Wall    hello
>>> print(str1.rstrip())
   Great Wall
>>>>>> str2="!@#Great wall!@#"
>>> print(str2.strip('!@#'))
Great wall
```

例 7-3 输入一个字符串，分别统计字符串中数字、英文字母和其他字符的个数。
【参考代码】

```
content = input('请输入内容: ')
num=[0]*3
for n in content:
    if n.isdecimal() == True:
        num[0]+=1
        #print ('数字的个数 ',(num))
    elif n.isalpha() == True:
        num[1]+=1
        #print ('字母的个数',zimu)
    else:
        num[2]+=1
print ('数字的个数: {} '.format(num[0]))
print ('字母的个数: {} '.format(num[1]))
print ('其他字符的个数: {} '.format(num[2]))
```

【运行结果】

```
请输入内容: 12345asdfghjklzxcvbnm,./
数字的个数: 5
字母的个数: 1 6
其他字符的个数: 3
```

7.4 正则表达式

7.4.1 正则表达式的概念

正则表达式是指预先定义好一个"字符串模板"，通过这个"字符串模板"可以匹配、查找和替换那些匹配"字符串模板"的字符串。正则表达式是一段字符串，这段字符串表示的是一段有规律的信息，根据信息匹配实现对字符串的处理。

在 Windows 基本操作中会用到类似的字符串匹配操作，如在源文件夹中搜索文本文件，需要在搜索框中输入字符串"*.txt"作为搜索的条件，搜索以字母"a"开头的文本文件需要在搜索框中输入字符串"a*.txt"作为搜索的条件，Office 软件中利用通配符"*?"

查找特定文本等。这个"查找"的过程，在正则表达式中叫作"匹配"，Python 自带一个正则表达式模块来完成字符串的处理过程。

在 Python 程序开发中，使用正则表达式在一段文本中查找到需要的内容，一般包括以下 3 个步骤。

第一步：根据查找的内容总结出查找规律。

第二步：使用正则符号表示查找规律。

第三步：提取查找内容。

下面看一个例子，某中学期末考试后，获得年级前十名的学生名单如下：第 1 名，小米是八年级 1 班；第 2 名，小华是八年级 10 班；第 3 名，小为是八年级 16 班；第 4 名，小旺是八年级 2 班；第 5 名，小德是八年级 12 班；第 6 名，小悦是八年级 1 班；第 7 名，小易是八年级 1 班；第 8 名，小钟是八年级 2 班；第 9 名，小袁是八年级 6 班；第 10 名，小王是八年级 1 班。

现在需要统计各班获得年级前十名学生的人数。在这一段文字中一共出现了 10 次班级名称，并且都是"八年级 数字 班"这种格式的。统计各班获得年级前十名学生的人数就是统计不同班级名称出现的次数，这就需要把名单中符合"八年级 数字 班"这种格式的内容提取出来，然后统计个数。找到字符查找的规律后需要使用正则表达式的符号表示查找规律，"八年级 数字 班"的正则表达式可以表示为"八年级\d{1,}班"。

7.4.2　正则表达式的基本符号

正则表达式由一些普通字符和一些元字符（metacharacters）组成。普通字符包括大小写的字母和数字，而元字符则具有特殊的含义。需要注意的是，正则表达式的符号都是英文半角符号，并且区分大小写。下面分别介绍常用的元字符。

1. 点号"."

最简单的元字符是点"."，它能够匹配任何一个单个字符（注意不包括换行符）。包括但不限于英文字母、数字、汉字、英文标点符号和中文标点符号。

```
He is a docter
Small coastal towns dot the landscape
Dictionary is very important
On the rule of predictability
Distant Star 遥远的星星
Do 你 t leave
```

上面的字符串中，查找以"d"或"D"开头、"t"结尾的字符串，观察到上面两个字符之间的字符个数不同，每一行中搜索正则表达式"d.t"，匹配一个以 d 开头并接着任何一个字符再以 t 结尾的字符串，所以它将匹配文件中的第二行的"dot"。搜索正则表达式"d..t"，匹配一个以 d 开头并接着任何两个字符再以 t 结尾的字符串，所以它将匹配文件中的第一行的"docter"中的"doct"，以及第四行的"predictability"中的"dict"，但是不能匹配第三行的"Dictionary"中的"Dict"，因为正则表达式是大小写敏感的，匹配"D"开头"t"结尾的字符串的表达式是"D..t"。中间有几个字符就加几个"."。

2. 星号"*"

星号"*"匹配前面的子表达式任意次，可以是 0 次。子表达式可以是普通字符、另一个或几个正则表达式符号。例如，有如下几个不同的字符串。

> 坐着摇椅聊
> 坐着摇椅慢慢聊
> 坐着摇椅慢慢慢聊
> 坐着摇椅慢慢慢慢聊
> 坐着摇椅慢慢慢慢慢聊

这些字符串中，"慢"字重复出现，所以如果用星号来表示，那么就可以全部变成"坐着摇椅慢*聊"第一个字符串中没有"慢"也是用这个正则表达式表示，这是因为星号可以表示它前面的字符 0 次。

用来表示次数的还有加号"+"，它和星号的使用方法类似，不同的是加号前面的字符至少出现一次。正则表达式"坐着摇椅慢+聊"就不能表示字符串"坐着摇椅聊"。

星号可以匹配前面的子表达式任意次，但是只对同一个子表达式匹配。如果需要匹配"任意多个除换行符外的任意字符"，则需要配合点"."一起使用表示。上面的字符串还可以使用下面这个正则表达式表示。

> 坐.*聊

它表示在"坐"和"聊"之间可以有任意多个字符，字符可以是任意字符（不包括换行符）。类似的，上面的正则表达式还可以表示下面的几个字符串。

> 坐聊
> 坐下来聊
> 坐着比站着舒服聊

3. 问号"?"

问号"?"表示匹配前面的子表达式 0 次或 1 次。下面的两个字符串：

> 坐着摇椅聊
> 坐着摇椅慢聊

第一个字符串在汉字"椅"和"聊"之间有 0 个"慢"，第二个字符串在汉字"椅"和"聊"之间有 1 个"慢"，都可以使用下面的正则表达式表示：

> 坐着摇椅慢?聊

4. 反斜杠 "\"

反斜杠 "\" 在 7.2 节中已经介绍过，一般 Python 中不单独使用反斜杠，它在字符串中用来表示转义字符，如表示换行符 "\n"、横向制表符 "\t" 等，把普通字符转换成了特殊符号，而 "\'" 和 "\"" 表示单引号和双引号，把特殊符号变成了普通符号。在正则表达式中，很多符号都是有特殊意义的，如上面介绍的点、问号、星号，另外还有大括号、中括号和小括号等。例如：

```
www.eol.cn
www.littledog.cn
```

现在要提取网址的二级域名字符串，由于原始字符串本身包含了点 "."，而点又是正则表达式最常用的元字符，那么如何通过正则表达式来表示呢？如果写成：

```
www..*.cn
```

此时就会出问题，因为点本身在正则表达式中是有特殊意义的，不能直接用点来匹配点。需要在正则表达式中区分点 "." 代表元字符还是普通字符，这时需要用到反斜杠，反斜杠放在点的前面，写成 "\." 可以把点变成普通的字符，不再具有正则表达式的意义。因此，上述正则表达式可以写成以下形式。

```
www\..*\.cn
```

转义字符可以参见表 7-3。

5. 小括号

小括号 "()" 的作用是把字符串中符合匹配条件的内容提取出来。上面介绍的符号表示的条件只是能让正则表达式匹配出一串字符串，如果希望从原始字符串中只获取有用的内容，就需要用到小括号。还使用上面的网址字符串 "www.littledog.cn"，提取二级域名地址，当构造一个正则表达式 "\..*\." 时，得到的结果将会如下。

```
.littledog.
```

但是两边的点不是需要的字符串的一部分。现在修改正则表达式为 "\.(.*)\."，加上一对小括号，得到的结果如下。

```
littledog
```

6. 数字 "\d"

如果在一个字符串中有一部分是数字，现在希望把数字提取出来保存，在正则表达式中使用 "\d" 来表示一位数字。"\d" 中的反斜杠就是上面介绍的转义字符，它和字母 "d" 组成一个正则表达式符号，如果要提取两个数字，则可以使用 "\d\d"；要提取几个数字，就可以使用几个 "\d"。结合上面介绍的星号一起使用，组成正则表达式 "\d*"

就可以表示一个任意位数的数字。例如，下面一段字符串：

小华电话：60400000
小为电话：60201010
火警电话：119

可以使用下面的正则表达式来表示："..电话:\d*"。前面两个点表示有两个字符。

正则表达式的元字符还有多种形式，这里只是介绍了几种常用的字符。表7-9所示为正则表达式的常用字符。

表7-9 正则表达式的常用字符

字符	描述
\	将下一个字符标记为一个特殊字符，或一个原义字符，或一个向后引用，或一个八进制转义符
^	匹配输入字符串的开始位置
$	匹配输入字符串的结束位置
*	匹配前面的子表达式0次或多次
+	匹配前面的子表达式1次或多次，+等价于{1,}
?	匹配前面的子表达式0次或1次，?等价于{0,1}
{n}	n是一个非负整数，匹配确定的n次
{n,}	n是一个非负整数，至少匹配n次
{n,m}	m和n均为非负整数，其中n≤m，最少匹配n次且最多匹配m次
?	当该字符紧跟在任何一个其他限制符（*、+、?、{n}、{n,}、{n,m}）后面时，匹配模式是非贪婪的。非贪婪模式尽可能少地匹配所搜索的字符串，而默认的贪婪模式则尽可能多地匹配所搜索的字符串
.	匹配除"\n"外的任何单个字符。要匹配包括"\n"在内的任何字符，请使用像"(.|\n)"的模式
(pattern)	匹配pattern并获取这一匹配
(?:pattern)	匹配pattern但不获取匹配结果。也就是说，这是一个非获取匹配，不进行存储供以后使用
(?=pattern)	正向肯定预查，在任何匹配pattern的字符串开始处匹配查找字符串
(?!pattern)	正向否定预查，在任何不匹配pattern的字符串开始处匹配查找字符串
(?<=pattern)	反向肯定预查，与正向肯定预查类拟，只是方向相反
(?<!pattern)	反向否定预查，与正向否定预查类拟，只是方向相反
x|y	匹配x或y
[xyz]	字符集合，匹配所包含的任意一个字符
[^xyz]	负值字符集合，匹配未包含的任意字符
[a-z]	字符范围，匹配指定范围内的任意字符
[^a-z]	负值字符范围，匹配任何不在指定范围内的任意字符
\b	匹配一个单词边界，也就是指单词和空格间的位置
\B	匹配非单词边界
\cx	匹配由x指明的控制字符
\d	匹配一个数字字符，等价于[0-9]
\D	匹配一个非数字字符，等价于[^0-9]
\f	匹配一个换页符，等价于\x0c和\cL
\n	匹配一个换行符，等价于\x0a和\cJ
\r	匹配一个回车符，等价于\x0d和\cM

续表

字符	描述
\s	匹配任何空白字符，包括空格、制表符、换页符等，等价于[\f\n\r\t\v]
\S	匹配任何非空白字符，等价于[^ \f\n\r\t\v]
\t	匹配一个制表符，等价于\x09 和\cI
\v	匹配一个垂直制表符，等价于\x0b 和\cK
\w	匹配包括下划线的任何单词字符，等价于[A-Za-z0-9_]
\W	匹配任何非单词字符，等价于[^A-Za-z0-9_]
\xn	匹配 n，其中 n 为十六进制转义值。十六进制转义值必须为确定的两个数字长
\num	匹配 num，其中 num 是一个正整数。对所获取的匹配的引用
\n	标识一个八进制转义值或一个向后引用。如果\n 之前至少有 n 个获取的子表达式，则 n 为向后引用；否则，如果 n 为八进制数字（0～7），则 n 为一个八进制转义值
\nm	标识一个八进制转义值或一个向后引用。如果\nm 之前至少有 nm 个获取的子表达式，则 nm 为向后引用。如果\nm 之前至少有 n 个获取，则 n 为一个后跟文字 m 的向后引用。如果前面的条件都不满足，若 n 和 m 均为八进制数字（0～7），则\nm 将匹配八进制转义值 nm
\nml	如果 n 为八进制数字（0～3），且 m 和 l 均为八进制数字（0～7），则匹配八进制转义值 nml
\un	匹配 n，其中 n 是一个用 4 个十六进制数字表示的 Unicode 字符。例如，\u00A9 匹配版权符号（©）

读者可以自己查询资料了解正则表达式其他的元字符及含义。

7.5　正则表达式模块 re

Python 自带了一个功能非常强大的正则表达式模块 re，使用这个模块可以非常方便地通过正则表达式来从一大段文字中提取有规律的信息，re 是 regular expression 的首字母缩写。在 Python 中需要首先导入这个模块再进行使用，导入的语句如下。

```
import re
```

利用 re 模块的一些方法可以提取到正则表达式匹配的字符串。下面介绍常用的方法。

1. re.findall()方法

正则表达式模块 re 的 findall()方法，能够以列表的形式返回所有满足要求的字符串。findall()的语法格式如下。

```
strlist=re.findall(pattern,string[,flags])
```

【说明】

pattern 表示正则表达式；string 表示原来的字符串；flags 可以省略，表示一些特殊功能的标志，如 re.I 表示不区分大小写、re.S 表示忽略换行符等。strlist 返回的结果是一个列表，包含了所有的匹配到的结果，列表的元素可能是字符串、元组。如果没有匹配到结果，就会返回空列表。

例 7-4　字符串中保存了 3 个电话号码"小华电话：60400000，小为电话：60201010，火警电话：119"，使用 findall()方法从字符串中提取出电话号码。

【参考代码】

```
import re
str="小华电话：60400000,小为电话：60201010,火警电话：119"
strlist=re.findall("..电话：\d*",str)
print(strlist)
```

【运行结果】

```
['小华电话：60400000', '小为电话：60201010', '火警电话：119']
```

根据正则表达式匹配的结果，findall()方法返回了由 3 个字符串组成的列表。但是返回的列表元素包含一些和电话号码无关的信息，现在需要只获取一串数字，这时要用到小括号，修改代码如下。

```
import re
    str="小华电话：60400000,小为电话：60201010,火警电话：119"
strlist=re.findall("..电话：(\d*)",str)
print(strlist)
```

【运行结果】

```
['60400000', '60201010', '119']
```

加上小括号后获取到了希望得到的电话号码。当 findall()方法中有多个小括号时，返回值列表的元素是一个元组，继续修改第三行代码，把正则表达式前两个点也使用小括号括起来，就可以获取电话号码对应的姓名或机构，修改代码如下。

```
strlist=re.findall("(..)电话：(\d*)",str)
```

【运行结果】

```
[('小华', '60400000'), ('小为', '60201010'), ('火警', '119')]
```

返回的结果返回的仍然是一个列表，但是列表中的元素变为了元组，元组中的第 1 个元素是姓名，第 2 个元素为电话号码。

例 7-5　flags 参数示例。findall()方法的参数中有一个 flags 参数。这个参数是可以省略的，当不省略时，具有一些辅助功能。对例 7-4 中的字符串修改为 "A 小华电话：60400000,a 小为电话：60201010,a 火警电话：119"，分别添加了大小写的字母 "a"，现在要求获取字符串中的姓名（包括前面的字母）和电话号码。

【参考代码】

```
import re
str="A 小华电话：60400000,a 小为电话：60201010,a 火警电话：119"
strlist=re.findall("(a..)电话：(\d*)",str2,re.I)    #re.I 表示不区分大小写
print(strlist)
```

【运行结果】

```
[('A小华', '60400000'), ('a小为', '60201010'), ('a火警', '119')]
```

例 7-6 现有一个字符串存储了 3 个网址，提取每个网址的二级域名，字符串如下 "www.eol.cn，www.littledog.cn，www.edu.cn"。

【问题分析】

根据上述分析，正则表达式表示为 "www\.(.*)\.cn"，表示提取两个点之间的任意长度的字符。

【参考代码】

```
import re
str='''www.eol.cn,www.littledog.cn,www.edu.cn'''
strlist=re.findall('www\.(.*)\.cn',str)
print(strlist)
```

【运行结果】

```
['eol.cn,www.littledog.cn,www.edu']
```

列表中只有一个元素，一个长长的字符串。输出的结果发现和我们要求的不相符，并没有获取 3 个网址的二级域名。现在修改正则表达式为 "www\.(.*?)\.cn"，代码修改如下。

```
import re
str='''www.eol.cn,www.littledog.cn,www.edu.cn '''
strlist=re.findall('www\.(.*?)\.cn',str)
print(strlist)
```

【运行结果】

```
['eol', 'littledog', 'edu']
```

显然输出的结果是我们希望得到的字符串。使用不同的正则表达式 ".*" 和 ".*?" 得到了不同的结果，在 Python 正则表达式中，"."""*"""?" 这 3 个符号大多数情况下一起使用。点号表示任意非换行符的字符，星号表示匹配它前面的字符 0 次或任意多次，所以 ".*" 表示匹配一串任意长度的字符串任意次，那么正则表达式 "\.(.*)\." 就是从字符串 "www.eol.cn,www.littledog.cn,www.edu.cn" 中最左侧点开始匹配到最右侧的点，得到的字符串为 "eol.cn,www.littledog.cn,www.edu"。正则表达式 ".*?"，在 ".*" 后面加了一个问号，问号表示匹配它前面的符号 0 次或 1 次，意思是匹配一个能满足要求的最短字符串，因此分别获取到了每个网址中两个点之间的字符串 "eol""littledog""edu"。也就是说，".*" 是贪婪模式，获取最长的满足条件的字符串；".*?" 是懒惰模式，获取最短的能满足条件的字符串。

2. re.search() 方法

search() 的用法和 findall() 方法的用法类似，也是用来查找匹配字符串，但和 findall()

方法不同的是，search()方法只会返回第一个满足要求的字符串。找到第一个符合要求的内容后，它就会停止查找。search()方法的语法格式如下。

```
re.search(pattern, string[,flags])
```

search()方法中的参数和 findall()方法中的参数相同。如果匹配成功，则返回结果是一个正则表达式的对象；如果没有匹配到任何数据，则返回的是 None。

```
import re
    str='''www.eol.cn,www.littledog.cn,www.edu.cn'''
    strlist=re.search('\.(.*?)\.',str)
    str2=re.search('\.(a*?)\.',str)
    print(strlist)
print(str2)
```

【运行结果】

```
<re.Match object; span=(3, 8), match='.eol.'>
None
```

想得到匹配成功的字符串，就需要从 search()方法返回的结果中提取出来，group()方法用于获取匹配的结果，代码如下。

```
import re
str='''www.eol.cn,www.littledog.cn,www.edu.cn'''
strlist=re.search('\.(.*?)\.',str)
print(strlist.group(1))
```

【运行结果】

```
eol
```

group()方法中的参数是 1，输出正则表达式中的括号中的结果。再看下面的代码：

```
import re
str="小华电话：60400000,小为电话：60201010,火警电话：119"
strlist=re.search("(..)电话：(\d*)",str)
print(strlist.group())      #等价于 print(strlist.group(0))
print(strlist.group(1))
print(strlist.group(2))
```

【运行结果】

```
小华电话：60400000
小华
60400000
```

在正则表达式"(..)电话:(\d*)"中，有两个小括号，group()方法的参数最大不能超过正则表达式中括号的个数，参数为 0 或空表示读取完整的内容，参数为 1 表示读取第 1 个括号中的内容，参数为 2 表示读取第 2 个括号中的内容。

3. re.match()方法

match()方法也是用来查找匹配字符串，但和 search()方法不同，match()方法是从字符串的开头开始匹配的。如果不是起始位置匹配成功的话，那么 match()方法的匹配结果就为 none；若匹配成功，则 match()方法返回一个匹配的对象。其语法格式如下。

```
re.match(pattern, string, flags=0)
```

其中，pattern 为需要匹配的正则表达式；string 是待匹配字符串；flags 是标志位，与 findall()方法中的参数意义相同。

```
>>> str='12a23b34c45d56f'
```

匹配条件是以两个数字和一个字母开头，正则表达式 pattern='\d(\d)(.)'。分别执行下面的两条语句。

```
>>> re.match('\d(\d)(.)',str)
<re.Match object; span=(0, 3), match='12a'>
```

返回一个对象，span 表示匹配结果起始位置 0，长度 3，match 匹配结果为"12a"。

```
>>> print(re.match('\d(\d)(.)',str).group(0))
12a
```

group(0)参数为 0 表示输出完整的匹配字符串。

```
>>> print(re.match('\d(\d)(.)',str).group(1))
2
>>> re.match('\d(\d)(.)',str).group(2)
'a'
>>> print(re.match('\d(\d)(.)',str).groups())
('2', 'a')
```

groups()参数空，返回一个包含所有括号中的字符串的内容，返回的结果为一个元组。

4. re.split()方法

split()方法的作用是按照能够匹配正则表达式的子串将 string 分隔后返回列表，语法格式如下。

```
split_list =re.split(pattern, string[, maxsplit=0][ ,flags])
```

其中，pattern 为正则表达式；string 表示需要处理的字符串；maxsplit 是最大匹配次数，省略或等于 0 表示没有次数限制；flags 与 findall()方法中的参数意义相同。

执行下面的代码。

```
import re
str="小华电话：60400000,小为电话：60201010,火警电话：119"
split_list1=re.split("[: ,]",str,maxsplit=1)
split_list2=re.split("[: ,]",str)
#中括号表示字符集合。匹配所包含的任意一个字符
print(split_list1)
print(split_list2)
```

【运行结果】

```
['小华电话', '60400000,小为电话：60201010,火警电话：119']
['小华电话', '60400000', '小为电话', '60201010', '火警电话', '119']
```

把字符串以"："和","为分隔符进行分隔，当 maxsplit=1 时，匹配次数为 1，输出的列表中有两个元素，即第一次分隔的字符串和余下字符串。当 maxsplit 省略时，匹配没有次数限制，输出的列表中有 6 个元素，满足匹配条件的都被分隔为列表的元素。

5. re.sub()方法

sub()方法的作用是用指定内容替换字符串中每一个匹配的子串，最后返回替换后的字符串，其语法格式如下。

```
substr=sub(pattern, repl, string[, count][, flags])
```

其中，pattern 为正则表达式；repl 是新替换的内容；string 表示需要处理的字符串；count 是替换次数，省略或等于 0 表示没有次数限制；flags 与 findall()方法中的参数意义相同。

执行下面的代码。

```
import re
str="i likE python,i lIke c++,i llke java"
substr=re.sub("i.{5}","I like",str)
print(substr)
```

【运行结果】

```
I like python,I like c++,I like java
```

大括号表示匹配确定的次数，".{5}"表示匹配 5 个任意一个字符。匹配次数还可以用{n,m}表示，表示最少匹配 n 次且最多匹配 m 次；{n,} 表示最少匹配 n 次，最大没有限制。

例 7-7　输入两个字符串，判断这两个字符串是否都是大写字母。大写字母的正则表达式为"^[A-Z]+$"，其中"[A-Z]"表示大写字母，"^ [A-Z]"表示以大写字母开头，加上"+"表示至少有 1 个大写字母，最后"$"表示以前面的字符结尾。

【参考代码】

```
import re
str1 = input("输入第一个字符串：")
str2 = input("输入第二个字符串：")
resault = re.search('^[A-Z]+$', str1)
if resault:
    print ('第一个字符串：{}全为大写'.format( resault.group()))
else:
    print ('第一个字符串：{}不全为大写'.format( str1))
resault = re.match('^[A-Z]+$', str2)
if resault:
    print ('第二个字符串{}全为大写'.format( resault.group()))
else:
    print ('第二个字符串{}不全为大写'.format( str2))
```

【运行结果】

```
输入第一个字符串：ASDFGH
输入第二个字符串：ZXCvbn
第一个字符串 ASDFGH 全为大写
第二个字符串 ZXCvbn 不全为大写
```

习　　题

1．编写 Python 程序，按下列要求完成操作。

输入字符串 http://www.chinaedu.edu.cn，输出以下结果。

1）字符串中字母 c 出现的次数。

2）字符串中"edu"子字符串出现的位置。

3）将字符串中所有的"."替换为"-"。

4）提取"www"和"edu"两个子字符串（分别使用正向切片和反向切片方式）。

5）将字符串中的字母全变为大写。

6）输出字符串的总字符个数。

7）在字符串后拼接子字符串"index"。

2．编写程序，输入一个字符串，判断其是否为回文串。回文串即正着读和反着读都相同的字符串，如 mom、dadnoon 都是回文串，而 moon、sun 都不是回文串。

3．编写程序，初始化一个字符串变量，输出前 4 个字符，后面是 3 个句点，然后是最后 4 个字符。例如，如果字符串初始化为"changjiang huanghe"，那么输出"chan…nghe"。

4．输入一个人的姓名拼音，如"Li Xiao Long"，输出姓名的首字母"LXL"。

5. 输入一个字符串，输出第一个、中间位置和最后一个字符，如果字符个数为偶数，则输出中间位置左侧紧邻的字符。

6. 编写程序，输入一个字符串，统计其中大写字母、小写字母、空格、数字及其他字符的个数。

7. 编写程序，输入一个十进制整数 n，以及要转换的进制 r，编写程序将 n 转换为 r 进制后输出。例如，若输入为 139，r 为 16，则输出为 8B；若输入 n 为 139，r 为 8，则输出为 213。

8. 编写程序，将输入的任意一个字符串中的大写字母替换为小写字母，如输入 ABCdeF，则输出 abcdef。

9. 编写程序，输入字符串，并输入一个要删除的字符，而后将删除该字符后的字符串输出。例如，输入的字符串为 "Beijing City"，要删除的字符为 i，则输出为 "Be jng Cty"。

10. 编写程序，输出一个字符串中每个数字字符出现的次数。例如，若字符串为 12203AB449C09，则输出为 "0 : 2，1 : 1，2 : 2，3 : 1，4 : 2，9 : 2"。

第 8 章 异 常

编写程序、开发软件时需要认真仔细，但难免会出现疏忽，表现在程序运行过程中，就会出现错误。如果程序的容错能力不足，就会给用户带来不好的体验感。程序出现错误时，计算机如何去处理，以及用什么方式来处理，是开发者在编程过程中需要认真考虑的问题。每种编程语言均有一套处理错误的方法，Python 也是如此，它采用"异常方式"处理、解决程序运行时的出错问题。

8.1 》异常的概念与表现形式

异常指的是计算机程序执行过程中因为不正确操作而出现报错信息或错误结果的事件。异常对程序的影响要看异常的严重情况，小的异常只会产生一个错误的运算结果，但严重的异常会导致程序因错误而无法执行，甚至导致整个计算机系统崩溃。一般情况下，在 Python 中无法正确处理程序时就会发生异常，异常是 Python 的一个对象，表示一个错误。当 Python 程序发生异常时，我们需要捕获并处理异常，否则程序就会夭折。

8.1.1 标准异常

Python 提供了分层次结构的标准异常，如表 8-1 所示。程序员编程时可根据标准异常表调试程序。

表 8-1 标准异常

异常名称	描述
ArithmeticError	所有数值计算错误的基类
AssertionError	断言语句失败
AttributeError	对象没有这个属性
BaseException	所有异常的基类
DeprecationWarning	关于被弃用的特征的警告
EnvironmentError	操作系统错误的基类
EOFError	没有内建输入，到达 EOF 标记
Exception	常规错误的基类
FileNotFoundError	找不到指定文件
FloatingPointError	浮点计算错误
FutureWarning	关于构造将来语义会有改变的警告
GeneratorExit	生成器发生异常来通知退出
ImportError	导入模块/对象失败
IndentationError	缩进错误

续表

异常名称	描述
IndexError	序列中没有此索引
IOError	输入/输出操作失败
KeyboardInterrupt	用户中断执行（通常是输入^C）
KeyError	映射中没有这个键
LookupError	无效数据查询的基类
MemoryError	内存溢出错误（对于 Python 解释器不是致命的）
NameError	未声明/初始化对象（没有属性）
NotImplementedError	尚未实现的方法
OSError	操作系统错误
OverflowError	数值运算超出最大限制
OverflowWarning	旧的关于自动提升为长整型（long）的警告
PendingDeprecationWarning	关于特性将会被废弃的警告
ReferenceError	弱引用试图访问已经垃圾回收了的对象
RuntimeError	一般的运行时错误
RuntimeWarning	可疑的运行时行为的警告
StandardError	所有的内建标准异常的基类
StopIteration	迭代器没有更多的值
SyntaxError	Python 语法错误
SyntaxWarning	可疑的语法的警告
SystemError	一般的解释器系统错误
SystemExit	解释器请求退出
TabError	Tab 和空格混用
TypeError	对类型无效的操作
UnboundLocalError	访问未初始化的本地变量
UnicodeDecodeError	Unicode 解码时的错误
UnicodeEncodeError	Unicode 编码时的错误
UnicodeError	Unicode 相关的错误
UnicodeTranslateError	Unicode 转换时的错误
UserWarning	用户代码生成的警告
ValueError	传入无效的参数
Warning	警告的基类
WindowsError	系统调用失败
ZeroDivisionError	除（或取模）零（所有数据类型）

8.1.2　异常的表现形式及示例

　　程序运行过程中出现的异常多种多样，原因也各不相同。有的异常出现在程序运行前，如在 Python 源代码编译的过程中出现错误信息，一般这种情况属于语法错误；有的异常出现在程序运行过程中，有的程序正常执行但结果与预想的不同。总体来说，可以把错误分为两大类：语法错误和运行错误。

1. 语法错误

语法错误很可能是由程序员在编程或输入程序时造成的错误。例如，对于成对的符号缺少一部分使语句或函数不完整；中英文符号的错误使用；拼错关键字、列表名、变量名、函数名或常量；大小写字母混用；没有指定必须的分隔符号；缩进错误等。语法错误通常发生在程序员编写源程序的过程中，一般计算机语言可以在翻译过程中检查出语法错误，有许多语法错误都会自动出现在翻译时的错误信息中。因此，语法错误出现在用户开始执行"run"命令，而程序还没有开始执行时，Python 解释器要检查语句是否完整或格式是否正确。

如果一条语句或一个函数因为缺少符号而没有正常结束，就会引发错误，从而导致程序无法运行。

例 8-1　语句不完整产生的错误。

【参考代码】

```
a=int(input('please input a'))
b=int(input('请输入 b 的值'))          #右侧的单引号写成了中文符号
print(a+b)
```

执行运行命令后，编译系统将会弹出错误信息提示框，如图 8-1 所示，系统认为右侧的中文单引号是输入字符串的一部分，而字符串没有结束。EOL 是 End Of Line 的缩写，EOL while scanning string literal 表示扫描字符串文字行结尾时报错，同时在产生错误的语句结尾位置出现了一个粉色长条标识，指出错误的位置。对这类错误修改时，只要把右侧的中文单引号改为英文单引号即可。

图 8-1　语法错误示例 1

这种因为把英文半角符号写成中文符号导致的错误，在编程过程中是一个比较常见的错误。如图 8-2 所示第一行的括号中，有一个写成了中文的右括号，当执行程序时，系统检测到了 invalid character in identifier（标识符中的无效字符）错误。

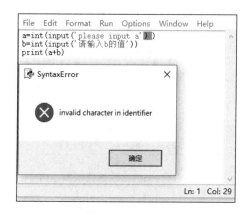

图 8-2　语法错误示例 2

上述两个错误可以认为是考虑到了符号的成对出现，但输入符号时误操作输入了中文符号。图 8-3 所示的错误则是符号没有成对输入导致的，错误提示在第二行，而实际错误是第一行缺少了右括号。

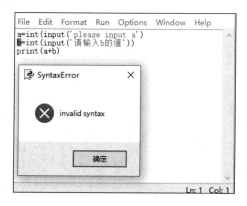

图 8-3　无效语法错误示例 1

Python 是一种严格依赖层次和缩进的语言，如果缺少语句层次符号“:”或缩进不正确，在程序执行前 Python 环境翻译代码时也会出现 invalid syntax（无效语法）错误。

例 8-2　缺少语句层次符号示例。

```
a=int(input('please input a'))
b=int(input('请输入 b 的值'))
if a>b
    print(a)
else:
    print(b)
```

程序的第三行，if 结构的条件后面缺少了语句层次符号“:”，将程序翻译后，引发了语法错误。如图 8-4 所示，在 if 结构语句后面出现粉色长条，标示出了语句的错误位置，只要在后面添加上语句层次符号“:”，代码就修改正确了。

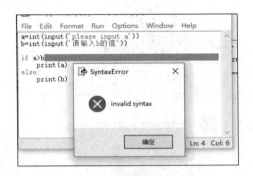

图 8-4　无效语法错误示例 2

2. 运行错误

程序进入运行阶段后，异常的类型多种多样。运行错误发生在程序代码的运行过程中，程序中出现了不能执行的表达式或语句，而这种错误是 Python 解释器本身不能发现的，如无效操作、无效函数、无效参数、无效数学运算等都是运行错误。运行错误有些是代码编写不当、算法不合适引发的，而有些错误是数据输入引发的。

例 8-3　统计若干个公司成员的工资数，并计算工资总和及工资平均值，要求工资数据都为整数。

【参考代码】

```python
salary_sum=0
salary_num=0
salary_aver=0
salary=int(input("输入工资: "))          #输入第一个数据
while salary !=-1:                        #以-1作为程序结束的标志
    salary_sum+=salary
    salary_num+=1
    salary=int(input("输入工资: "))
salary_aver=salary_sum/salary_num
print("工资总和为: "+ str(salary_sum), end=" ")
print("平均工资为: "+ str(salary_aver)
```

程序执行时，输入数据 6000、5000、6200、5500、-1，则输出结果为"工资总和为：22700 平均工资为：5675.0"。如果依次输入 6000、2000.5，此时就会出现如下错误信息。

```
Traceback (most recent call last):
  File "C:/wjx/pybook/8/8-3.py", line 10, in <module>
    salary=int(input("输入工资: "))
ValueError: invalid literal for int() with base 10: '2000.5'
```

从运行结果可以看出，程序需要输入一组整数作为工资，这是 int()函数要求的参数，不能是带小数点的字符串，而且不能进行数据类型的转换，因此当输入 2000.5 时，系统抛出 ValueError 异常。

程序代码中有一条除法运算，众所周知除法运算的分母不能为零。如果程序运行时输入第一个数据是-1，则程序运行就会出现如下错误信息。

```
Traceback (most recent call last):
  File "C:/wjx/pybook/8/8-3.py", line 11, in <module>
    salary_aver=salary_sum/salary_num
ZeroDivisionError: division by zero
```

由于输入第一个数据是-1，因此循环条件开始就不成立而结束循环，人数 salary_num=0，计算平均值除数为零，出现 ZeroDivisionError（除数为零）的错误信息。除此之外，表达式运算发生溢出、负数开平方根、堆栈容量不够、表达式中的数据类型不匹配、试图打开一个不存在的文件、序列索引超界等都会出现运行错误。下面再看几个示例。

1）表达式中的数据类型不匹配。

```
>>> stustr="学号:"
>>> stunum=202020
>>> print(stunum+stustr)
```

程序第三行中的 stunum、stustr 分别是数值型和字符型数据，进行加法运算引发了 TypeError 异常。

```
Traceback (most recent call last):
  File "<pyshell#13>", line 1, in <module>
    print(stunum+stustr)
TypeError: unsupported operand type(s) for +: 'int' and 'str'
```

2）序列索引超界。

```
>>> s="i like Python"
>>> print(s[len(s)])
```

想要输出字符串的最后一个字符，利用 len()函数计算出字符串 s 的长度，作为 s 的索引值。忽视了字符串中字符索引的范围（0～len(s)-1），从而引发了 IndexError（索引错误）。

```
Traceback (most recent call last):
  File "<pyshell#17>", line 1, in <module>
    print(s[len(s)])
IndexError: string index out of range
```

例 8-4 计算正方形的面积。
【参考代码】

```
a=eval(input("input a="))
s=a*2                    #计算面积公式错误，正确的写法 s=a*a 或 s=a**2
```

```
print(s)
```

运行程序时输入 a 的值 6，计算结果是 12，很明显边长为 6 的正方形面积应该是 36，计算结果 12 是不正确的。我们发现程序运行的过程中没有出现任何的异常，但程序运行结果和预期的结果不同，这种错误称为逻辑错误。这种错误是由于程序员本身推理错误造成的，而 Python 本身并不会也没有能力去检查这种错误。产生逻辑错误的原因主要是程序员编程时采用了错误的算法、错误的解题步骤计算方法、错误的逻辑结构等，修改这种错误时需要程序员自己检查程序排除错误。

程序出现错误时需要程序员修改程序消除错误，使程序能正常执行。一般有两种方式可以处理程序错误：提前检测和事后处理。第一种方式需要程序员编程时考虑全面，把可能出错的情况通过代码来解决。将例 8-3 修改如下。

例 8-5 统计若干个公司成员的工资数，并计算工资总和及工资平均值。程序做了相应的修改。

【参考代码】

```
salary_sum=0
salary_num=0
salary_aver=0
salary=eval(input("输入工资：")   )            #输入第一个数据
while salary>0:
    salary_sum+=salary
    salary_num+=1
    salary=eval(input("输入工资："))
if salary_num!=0:
    salary_aver=salary_sum/salary_num
    print("工资总和为："+ str(salary_sum), end=" ")
    print("平均工资为："+ str(salary_aver))
else:
    print("没有输入工资。")
```

工资数据可以带小数，依次输入工资 6000、5000、2000.5、0，输出结果如下。

```
工资总和为：13000.5 平均工资为：4333.5
```

输入数据-1，输出结果如下。

```
没有输入工资。
```

第二种方式主要是引入错误代码检测机制处理异常。Python 提供了一种灵活的机制，可以将程序流程从错误检测的位置跳转到一个可以处理这个错误的处理程序。但是这种方式导致两方面的后果：一方面，增加计算机系统的负担；另一方面，错误检测的代码和正确程序的代码混合在一起，使错误处理过程变得非常复杂，大大降低程序的可读性和可维护性。

8.2 ▶ 异常的处理结构

为了使程序在发生异常时不崩溃，编写程序时需要按特定的语法格式处理异常，使程序可以继续运行。异常可以由程序错误本身自动抛出，也可以由程序中的代码抛出，抛出的异常被捕获，就从正常的代码中跳出来。

8.2.1 抛出异常

在 8.1 节中介绍的错误类型中，程序运行出错，系统会出现错误信息，如下。

```
Traceback (most recent call last):
  File "C:/wjx/pybook/8/8-3.py", line 11, in <module>
    salary_aver=salary_sum/salary_num
ZeroDivisionError: division by zero
```

由于统计的人数为零，作为了除法运算的除数，系统抛出 ZeroDivisionError 异常。这种抛出异常的方式是系统自动抛出异常，程序也会因为异常的出现而崩溃，导致后面的程序无法继续执行，用户的体验感较差。

编写程序时还可以人为地抛出异常，使用 raise 语句抛出异常。下面介绍 raise 语句抛出异常的过程。raise 语句的一般引用格式如下。

```
raise [Exception[(args)]]
```

【说明】

语句中的 Exception 是异常的类型（如 NameError），是参数标准异常中的任一种，也可以是用户自定义异常；args 是自定义异常参数。一旦执行了 raise 语句，raise 后面的语句将不再执行。

例 8-6 使用 raise 语句抛出异常。

```
a=eval(input("input a="))
b=eval(input("input b="))
if b==0:
    raise ZeroDivisionError("除数不能为零")
print(a/b)
```

程序第四行的作用是构造一个新的异常对象，然后抛出。ZeroDivisionError("除数不能为零")括号中的信息提供了异常的详细信息。当抛出异常时，其后面的语句不会执行。程序运行结果如图 8-5 所示，第一次输入 6 和 3 后计算结果正确，第二次输入 6 和 0 后抛出异常。

```
=================== RESTART: C:/wjx/pybook/8/8-6.py ===================
input a=6
input b=3
2.0
>>>
=================== RESTART: C:/wjx/pybook/8/8-6.py ===================
input a=6
input b=0
Traceback (most recent call last):
  File "C:/wjx/pybook/8/8-6.py", line 3, in <module>
    if b==0: raise ZeroDivisionError("除数不能为零")
ZeroDivisionError: 除数不能为零
```

图 8-5　raise 抛出异常 1

例 8-7　使用 raise 语句抛出异常。输入 3 个数值型数据，判断能否构成三角形。如果能构成三角形，则计算面积；如果不能构成三角形，则使用 raise 语句抛出异常。

【参考代码】

```
import math
a=eval(input("a="))
b=eval(input("b="))
c=eval(input("c="))
if not (a+b>c and a+c>b and b+c>a):
    raise ValueError("不能构成三角形")
else:
    d=(a+b+c)/2
    s=math.sqrt(d*(d-a)*(d-b)*(d-c))
    print("三角形的面积为: "+str(s))
```

上述代码的运行结果如图 8-6 所示。

```
=================== RESTART: C:\pybook\8\8-7.py ===================
a=3
b=4
c=5
三角形的面积为: 6.0
>>>
=================== RESTART: C:\pybook\8\8-7.py ===================
a=1
b=2
c=3
Traceback (most recent call last):
  File "C:\pybook\8\8-7.py", line 6, in <module>
    raise ValueError("不能构成三角形")
ValueError: 不能构成三角形
>>> |
```

图 8-6　raise 抛出异常 2

程序运行两次，第一次输入 3、4、5，计算得到三角形的面积；第二次输入 1、2、3，系统输出"不能构成三角形"并抛出异常。

8.2.2　捕捉异常

每个异常都应该在程序的某个地方得到处理。如果发生异常而没有处理，程序在输出错误信息后会意外结束执行。程序抛出的异常是可以被捕获的，根据捕获的异常类型，编写出异常处理代码，从而避免程序因异常而崩溃。

1. try/except 语句

Python 提供了 try/except 结构来捕获和处理异常。把这个语句放进程序中的某个位置，前提是知道如何处理一个特定的异常，其具体的语法格式如下。

```
try:
    <语句块>
except[<异常名 1>]:
    <处理异常的语句块 1>
......
except[<异常名 n>]:
    <处理异常的语句块 n>
except:
    <处理异常的语句块 n+1>
```

功能：try 语句块中捕捉的各种异常均由 except 语句分别处理，except 后描述该子句处理的异常名称，冒号后编写相应的处理语句。else 语句是没有异常的情况下执行的语句块，可以省略。

【说明】

1）try/except 结构中可以有多条 except 语句。

2）except 语句带有异常名称，其中的处理语句将针对该异常进行处理。

3）一个异常只会被一个 except 语句处理，而不会被重复处理。

4）在 try 语句块中，可以放置多条可能产生异常的语句，每条语句都可以抛出异常而被相应的 except 语句捕捉。

5）except 语句后可以同时有多个异常名称，也可以没有异常名称。

例 8-8　输入两个数值型数据，计算两个数据的商。

计算两个数值型数据的商，首先要考虑的是除数不能为零，其次考虑在输入数据时保证数据的合理性，如数据的格式是否正确、是否有字符数据输入。

【参考代码】

```
try:
    a=eval(input("input a="))
    b=eval(input("input b="))
    print(a/b)
except ZeroDivisionError:
    print("除数不能为零")
except NameError:
    print("输入数据格式错误")
except:
    print("输入的字符不是数字")
```

上述代码的运行结果如图 8-7 所示。

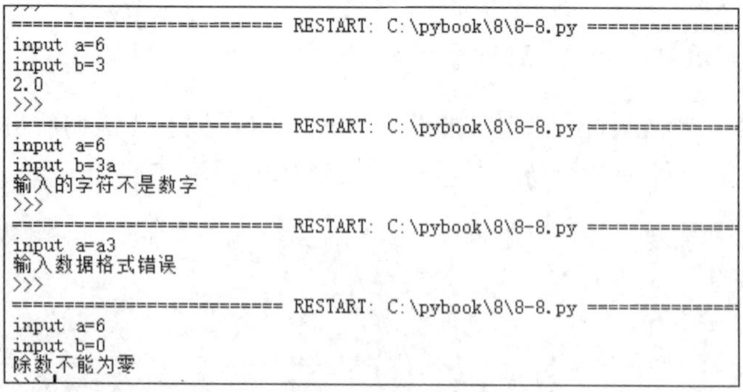

```
================== RESTART: C:\pybook\8\8-8.py ==================
input a=6
input b=3
2.0
>>>
================== RESTART: C:\pybook\8\8-8.py ==================
input a=6
input b=3a
输入的字符不是数字
>>>
================== RESTART: C:\pybook\8\8-8.py ==================
input a=a3
输入数据格式错误
>>>
================== RESTART: C:\pybook\8\8-8.py ==================
input a=6
input b=0
除数不能为零
```

图 8-7　例 8-8 代码运行结果

程序中有 3 个 except 语句，前两个后面书写预先列出的异常，第三个 except 语句没有列出异常名称。执行程序 4 次，正确执行 1 次，抛出异常 3 次，这 4 种情况程序都能正常结束。

1）对于多个 except 语句，系统按照顺序对比捕捉的异常类型，遇到第一个匹配的 except 异常类型时，执行相应的异常处理语句块。

2）当变量 b 输入为零时，触发了 ZeroDivisionError 异常，和第一个 except 异常相匹配，如图 8-7 中第四次的运行结果。

3）当对变量 a、b 输入数据时，用户有可能会输入非数值型字符串，这将会使 eval() 函数产生异常，如图 8-7 中第二次和第三次的运行结果。第二条 except 语句抛出的 NameError 异常考虑了变量 a、b 输入格式的错误，是第三次的运行结果。第二次的运行结果对应第三个 except 语句，后面没有列出异常名称，由于这两种输入结果对应不同的错误，因此分成了两个不同的 except 语句进行处理。

4）没有给出任何异常名称的 except 语句，一般用于处理所有没有预先列出的异常。因此不带异常名称的 except 语句一般要放在带异常名称的 except 语句后面。若多个异常名称放在 except 语句后面的括号中，之间要使用逗号进行分隔。

例 8-9　输入 3 个数值型数据，判断能否构成三角形。如果能构成三角形，则计算面积；如果不能构成三角形，则使用 raise 语句抛出异常，并进行异常处理。

【参考代码】

```python
import math
try:
    a=eval(input("a="))
    b=eval(input("b="))
    c=eval(input("c="))
    if not (a+b>c and a+c>b and b+c>a):
        raise ValueError("不能构成三角形")
    else:
        d=(a+b+c)/2
        s=math.sqrt(d*(d-a)*(d-b)*(d-c))
```

```
        print("三角形的面积为："+str(s))
    except ValueError:
        print("不能构成三角形")
    except NameError:
        print("输入数据格式错误")
    except:
        print("输入的字符不是数字")
```

　　程序代码中有 raise 语句抛出的异常，try/except 结构同样可以捕捉到并在第一个 except 语句中进行异常处理，这种处理方法要比 if 多分支简单。

　　2. else/finally 语句

　　try/except 结构还可以配合 else、finally 语句使用，具体的语法格式如下。

```
try:
    <语句块>
except[<异常名 1>]:
    <处理异常的语句块 1>
……
else ::
    <无异常时处理的语句块>
finally:
    <有无异常均要执行的语句块>
```

　　当程序发生异常时，程序转向 except 语句块处理相应的异常；而 else 语句正好相反，是当程序没有发生异常时执行的语句；finally 语句是无论有没有发生异常都会执行的语句，通常在 try 语句和 except 语句执行完后再执行，与程序是否抛出异常或找到与异常类型相匹配的 except 语句无关。

　　例 8-10　修改例 8-9 中的代码，增加 else 和 finally 语句。

　　【参考代码】

```
import math
try:
    a=eval(input("a="))
    b=eval(input("b="))
    c=eval(input("c="))
except ValueError:
    print("不能构成三角形")
except:
    print("输入的字符不是数字")
else:
    if not (a+b>c and a+c>b and b+c>a):
        raise ValueError("不能构成三角形")
```

```
        else:
            d=(a+b+c)/2
            s=math.sqrt(d*(d-a)*(d-b)*(d-c))
            print("三角形的面积为: "+str(s))
    finally:
    print("程序运行结束")
```

程序中有两个 except 语句块，第一个处理 raise 抛出的异常，第二个将输入错误（如例 8-8 中的第二个和第三个运行结果）的两个变量合并到一起处理。计算三角形面积的代码写在了 else 语句块。不管是否产生异常，都会执行 finally 语句，输出"程序运行结束"。

8.3 》 断言与上下文管理语句

8.3.1 断言

断言的功能是帮助程序员调试程序，以便保证程序能够正常执行。assert 断言的语法格式如下。

```
    assert <条件表达式><,参数>
```

功能：<条件表达式>控制是否抛出 AssertionError（判断错误）异常。当表达式为假时，抛出异常，参数是在抛出 AssertionError 异常时的提示信息，可以省略。如果表达式为真，则没有异常。可以理解 assert 断言语句为 raise-if-not，用来测试表达式，其返回值为假，就会触发异常。

例如，判断变量是否为奇数，执行下面的语句。

```
    >>> a=4
    >>> assert a%2==1,"a 不是奇数"
```

由于变量 a 的值为 4，不是奇数，条件 a%2==1 为假，代码执行后抛出以下异常。

```
    Traceback (most recent call last):
      File "<pyshell#7>", line 1, in <module>
        assert a%2==1,"a 不是奇数"
    AssertionError: a 不是奇数
```

例 8-11 输入 3 个数值型数据，判断能否构成三角形。如果能构成三角形，则计算面积；如果不能构成三角形，则使用 assert 语句抛出异常，并进行异常处理。
【参考代码】

```
    import math
    try:
        a=eval(input("a="))
```

```
        b=eval(input("b="))
        c=eval(input("c="))
        assert (a+b>c and a+c>b and b+c>a),"不能构成三角形"
        d=(a+b+c)/2
        s=math.sqrt(d*(d-a)*(d-b)*(d-c))
        print("三角形的面积为: "+str(s))
    except AssertionError:
        print("不能构成三角形")
    except:
        print("输入的字符不是数字")
```

8.3.2　上下文管理语句

　　Python 对一些内建对象进行改进，加入了对上下文管理器的支持。上下文管理器的典型用途包括：保存和恢复各种全局状态、锁定和解锁资源、关闭已打开的文件等。带有使用上下文管理器定义方法的代码块的执行可以用 with 语句包装，从而允许对普通的 try-except-finally 语句使用一种模式封装以方便使用。

　　with 语句的语法格式如下。

```
with context_expression [as target(s)]:
    with-body
```

【说明】

　　context_ expression 是支持上下文管理协议的对象，也就是上下文管理器对象，负责维护上下文环境；as target(s)是一个可选部分，通过变量方式保存上下文管理器对象；with-body 是需要放在上下文环境中执行的代码块。

　　例如，打开文件时，完成写操作，如果执行写操作时磁盘空间不足，就会抛出异常，那么 close()语句将不会被执行。一般的解决方案是使用 try-finally 语句。

```
try:
    filename='my_file.txt'
    f=open(filename,'w')
    f.write('Hello')
    f.write('World')
finally:
    f.close()
```

　　但随着语句的增多，try-finally 显然不够简洁，使用 with-as 语句可以很简洁地实现上述功能。

```
with open ( 'my_file' , 'w' ) as f:
    f.write( 'Hello ' )
    f.write( 'World' )
```

上下文管理器体现了 Python 崇尚的优雅风格。可以以一种优雅的方式，操作（创建/获取/释放）资源，如文件操作、数据库连接，也可以以一种优雅的方式处理异常，即使在上下文管理器范围内程序出现异常退出，也会正常关闭文件，而不必再使用 try/execept 语句来捕获处理错误信息，提高了程序的可读性。

习 题

1. 什么是异常？什么是标准异常？

2. 在 try/except 语句块中使用 finally 子句的目的是什么？给出一个示例说明它可以如何使用。

3. 简述程序错误的类型。

4. 什么是断言？如何通过断言处理异常？

5. 输入一元二次方程的 3 个系数 a、b、c，计算方程的实根，利用根的判别式通过 raise 语句抛出异常。

6. 输入三角形的 3 条边 a、b、c，判断是否是直角三角形，并利用断言抛出异常，如果是直角三角形则计算面积。

7. 说明运行下列程序时，输出结果是什么。

```
try:
    list=10*[1]
    x=list[10]
    print(x)
except IndexError:
    print("index out of bound")
```

8. 输入 10 个学生的成绩，计算总成绩和平均分，要求利用异常处理程序。

第 9 章 文件的处理

文件的使用是程序设计处理数据的重要方式，既可以保证输入时的准确性，又可以长期保存程序处理数据的结果。文件是使用文件名标识一组相关数据的集合，文件名包括主文件名和扩展名，两者之间使用"."分隔，通过文件名可以访问此文件。文件的扩展名是文件类型对应专属名称的缩写，不同类型的文件使用相应的应用程序处理数据。

9.1 》文本文件的操作

计算机存储数据时采用二进制，但在逻辑上采用不同的编码。其中，文本文件是基于字符编码的文件，常见的编码有 ASCII 编码、Unicode 编码等；还有一种是采用二进制编码文件，属于基于值编码的文件。文本文件基本上是定长编码的，每个字符在具体编码中是固定的，ASCII 编码是 8bit 的编码，Unicode 编码一般占 16bit，而二进制文件可看成是变长编码。

对文件的操作分为以下几个步骤：打开文件、读/写文件、关闭文件。Python 提供了必要的函数进行文件的读写操作，可以使用 file 对象完成大部分的操作。

9.1.1 文件的打开与关闭

1. 文件的打开

Python 内置的 open()函数可以打开一个文件，创建一个 file 对象，相关的方法即可调用其进行文件的读写，其具体的语法格式如下。

```
fileobject=open(filename [, mode][,encoding=None][, buffersize])
```

各参数的含义如下。

1）filename：字符串类型，打开文件的文件名称，包含文件的存储路径，可以是绝对路径，也可以是相对路径。此参数为必选项。

2）mode：字符串类型，打开文件的模式字符，用于指定打开文件的类型和操作文件的方式，r 为只读、w 为写入、a 为追加等。此参数为可选项，如果省略则默认为只读（r）。常用的文件打开模式如表 9-1 所示。

3）encoding：可选参数，用于指定打开文本文件时，采用何种字符编码类型，不设定表示使用当前操作系统默认的编码类型。常用的字符编码格式和语言种类如表 9-2 所示。

4）buffersize：可选参数，用于设置缓冲区大小。0 表示无缓冲；1 表示行缓冲；如果大于 1 则表示缓冲区的大小；-1（或任何负数）代表使用默认的缓冲区大小。以字节为单位。

表 9-1　常用的文件打开模式

文件打开模式	操作方式
r	以只读的方式打开文件，如果文件不存在，则会提示文件不存在的错误信息
u	支持所有的换行符号，如'\r'、'\n'、'\r\n'
w	以写入的方式打开文件。先删除文件原有的内容，再重新写入新的内容。如果文件不存在，则创建一个新文件
x	以写入的方式打开文件，如果文件已经存在，则出现文件存在的错误信息
a	以写入的方式打开文件，在文件末尾追加新的内容。如果文件不存在，则创建一个新文件
r+	以读写的方式打开文件，如果文件不存在，会提示文件不存在的错误信息
w+	以读写的方式打开文件。先删除文件原有的内容，再重新写入新的内容。如果文件不存在，则创建一个新文件
a+	以读写的方式打开文件，在文件末尾追加新的内容。如果文件不存在，则创建一个新文件
rb	以二进制格式打开一个文件，用于只读。一般用于非文本文件，如图片等
rb+	以二进制格式打开一个文件，用于读写。一般用于非文本文件，如图片等
wb	以二进制格式打开一个文件，只用于写入。如果该文件已存在，则打开文件，并从开头开始编辑，即原有内容会被删除；如果该文件不存在，则创建新文件。一般用于非文本文件，如图片等
wb+	以二进制格式打开一个文件，用于读写。如果该文件已存在，则打开文件，并从开头开始编辑，即原有内容会被删除；如果该文件不存在，则创建新文件。一般用于非文本文件，如图片等
ab	以二进制格式打开一个文件，用于追加。如果该文件已存在，文件指针将会放在文件的结尾，也就是说，新的内容将会被写到已有内容之后；如果该文件不存在，则创建新文件进行写入
ab+	以二进制格式打开一个文件，用于追加。如果该文件已存在，文件指针将会存放在文件的结尾；如果该文件不存在，则创建新文件用于读写

表 9-2　常用的字符编码格式和语言种类

编码格式	语言种类	编码格式	语言种类
UTF-8	各种语言	GBK	中文
ASCII	英文	GB/T 2312—1980	中文

由于不同的字符编码类型对应不同的语言，如果选择错误的编码格式则无法正确打开文件，因此对于文本文件的操作，为了通用性，应使用 UTF-8 格式。

2. 文件的关闭

执行 open() 函数打开文件后，这个文件就被调入计算机内存中，Python 对文件的所有操作都在内存中完成，其他的程序无法操作该文件。当 Python 完成对文件的操作后，必须将此文件从内存中取出并存到外部存储设备中。这样既可以把文件长期保存到外部存储设备中，以备后续的使用，又可以把文件从 Python 中释放掉，以便其他应用程序访问该文件。

具体的语法格式如下。

```
fileobject .close()
```

功能：关闭已打开的文件。如果文件缓冲区有数据，则此操作会先写入文件，然后关闭已打开的文件对象 fileobject。判断文件对象是否处于关闭状态时可以使用 closed 获取文件状态，如下。

```
fileobject.closed()
```

功能：查看文件对象是否处于关闭状态，返回值为逻辑型。如果返回值是 True，则说明文件关闭；如果返回值是 False，则说明文件处于打开状态。完成文件的读写操作后，应该及时将文件关闭，以保证文件中数据的安全、正确。

例 9-1　exp901.txt 中有两行内容，如图 9-1 所示。

图 9-1　文件 exp901.txt

通过下面的代码打开 exp901.txt 文件并逐一输出文件中的内容，最后关闭文件。

【参考代码】

```
helloFile=open("exp901.txt","r")
for line in helloFile:
    print(line)
helloFile.close()
```

【运行结果】

```
hello

Python
```

示例代码利用 open() 函数打开文件后返回的文件对象是一个可遍历对象，在 for 循环中，每次循环得到文件中一行的数据。文件中有两行内容，循环执行了两次。

采用 "r" 方式打开文件时要保证文件已经存在，否则会提示错误信息，如下。

```
Traceback (most recent call last):
  File "C:\9\9-1.py", line 1, in <module>
    helloFile=open("exp901.txt","r")
FileNotFoundError: [Errno 2] No such file or directory: 'exp901.txt'
```

9.1.2　文件的读操作

通过 open() 函数打开文件后，下面就可以使用相应的方法在程序中读文件的内容了。

1. 使用 read()函数读取文件

read()函数是从一个已经开打的文件中读取文件的所有内容，并返回一个字符串数据，语法格式如下。

```
字符串变量=fileobject.read()
```

例 9-2 调用 read()函数读取文件中的所有行并输出。

【参考代码】

```
helloFile=open("exp901.txt","r")
text=helloFile.read()
print(text)
helloFile.close()
```

上述代码打开的是例 9-1 中的文本文件 exp901.txt，利用 read()函数读取其所有内容，并将其作为一个字符串返回给字符变量 text。

【运行结果】

```
hello
Python
```

2. 使用 readline()函数读取文件

readline()函数是从文件中读取一行数据，包括行末结尾的换行标识符 "\n"，并返回一个字符串数据，其语法格式如下。

```
字符串变量=fileobject.readline()
```

例 9-3 调用 readline()函数读取文件中的所有行并输出。

【参考代码】

```
helloFile=open("exp901.txt","r")
text=helloFile.readline()  #读取第一行数据"hello\n"
print(text)
text=helloFile.readline()  #读取第二行数据"Python"
print(text)
helloFile.close()
```

文件 exp901.txt 中有两行内容，示例代码执行了两次 readline()函数，分别读出了两行的内容并输出，如下。

```
hello

Python
```

当文件有多行内容时，需要多次执行 readline()函数依次读取每行的内容，当不知道文件内容有多少行时，无法确定调用几次 readline()，此时需要通过 for 循环对文件进行遍历读出文件内容，具体示例参见例 9-1。

但是我们观察输出结果，发现两行字符输出有一个空行，这是因为第一行结尾有一个 "\n" 标识符，输出时会换行。可以使用字符串连接的方法将每行的数据相连接。

【参考代码】

```
helloFile=open("exp901.txt","r")
text=""
while True:
    line=helloFile.readline()        #读取每行数据
    if line=="":                     #读取空行表示文件结束
        break
    text=text+line                   #字符串连接，串中含有 "\n" 标识符
helloFile.close()
print(text)
```

【运行结果】

```
hello
Python
```

3. 使用 readlines()函数读取文件

readlines()函数也是按行读取文件的数据，其语法格式如下。

```
列表=fileobject.readlines()
```

返回一个列表，将文件对象中的所有数据以 "\n" 为分隔符，列表的元素由分隔后的每个字符串组成。

例 9-4　调用 readlines()函数读取文件中的所有行并按列表形式输出。

【参考代码】

```
helloFile=open("exp901.txt","r")
lst=helloFile.readlines()  #读取文件内容后返回一个列表
print(lst)
helloFile.close()
```

【运行结果】

```
['hello\n', 'Python']
```

程序执行代码 "lst=helloFile.readlines()" 时，readlines()函数从 exp901.txt 文件开始读取到文件的结尾，将文件中的所有文本以'\n'为分隔符，将分隔后的每条字符串作为一个数据项存入列表中，最后返回这个列表。因此 lst 中的数据为['hello\n', 'Python']。

例 9-5 调用 readlines()函数读取文件中的所有行并按列表元素输出。

【参考代码】

```
helloFile=open("exp901.txt","r")
lst=helloFile.readlines()  #读取文件内容后返回一个列表
#以遍历方法输出列表元素
print("以遍历方法输出列表元素")
for line in lst:
    print(line,end='')
print()
#以列表元素形式输出
print("以列表元素形式输出")
for  i in range(0,len(lst),1):
    print(lst[i],end='')
helloFile.close()
```

【运行结果】

```
以遍历方法输出列表元素
hello
Python
以列表元素形式输出
hello
Python
```

9.1.3 文件的写操作

文件的写操作与读操作类似，利用 open()函数打开文件，建立文件对象与相关文件的联系。不同的是，要将 mode 参数设置为 w、a、x 等参数，利用 write()方法，将字符串写入文件中。

1. 使用 write()方法写入文件

write()方法可以将字符串写入打开的文件中，根据 mode 参数的不同对文件的操作有所区别（见表 9-1），其语法格式如下。

```
fileobject.write(<string>)
```

参数<string>表示要写入的字符串。

例 9-6 使用 write()方法将字符串写入文件。

以写方式打开文件，如果文件不存在，则在当前文件夹中创建文件。

【参考代码】

```
f=open('exp902.txt','w')
f.write("i like Python!")
f.close()
```

打开 exp902.txt 文件，其内容如下。

```
i like Python!
```

以写方式打开文件，如果文件存在，则清除文件内容，将新内容添加到文件中。源代码如下。

```
f=open('exp902.txt','w')
f.write("hello Python")
f.close()
```

打开 exp902.txt 文件，发现源文件内容已经被新内容替换，其内容为"hello Python"。如果希望文件原来的内容不被新写入的内容替换，则可以使用追加模式"a"打开文件。

例 9-7　使用追加模式打开文件，并使用 write()方法追加新内容。

【参考代码】

```
f=open('exp902.txt','a')
f.write("\ni like Python!")
f.close()
```

第二行 write()参数中的换行符 "\n" 用于换行，"i like Python!"另起一行写到文件的结尾，因为 write()本身不会在字符串的结尾处自动添加换行符。打开 exp902.txt 文件，发现源文件内容追加了一行，其内容如下。

```
hello Python
i like Python!
```

2. 使用 writelines()方法写入文件

writelines()方法也用于将数据写入文件中，但是和 write()方法有所不同。write()方法需要写入一个字符串作为参数，否则会报错；而 writelines()方法既可以写入字符串，又可以写入一个字符串序列，并将该字符串序列写入文件。

例 9-8　在文件 exp903.txt 中的学生姓名前面添加学号，学号从 200001 开始，依次增加 1，并把结果写到 exp904.txt 中。文件 exp903.txt 中的内容如图 9-2 所示。

图 9-2　文件 exp903.txt 中的内容

【参考代码】

```
f1=open('exp903.txt','r',encoding="utf-8")
stunames=f1.readlines()
for i in range(0,len(stunames)):
    stunames[i]=str(200001+i)+' '+stunames[i]
f1.close()

f2=open('exp904.txt','x')
f2.writelines(stunames)
f2.close()
```

程序运行后，新创建的文件内容如图 9-3 所示。

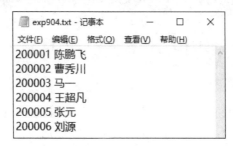

图 9-3   文件 exp904.txt 中的内容

9.1.4   上下文管理器

对于文件的操作，打开文件完成读写操作后必须要执行 close()方法关闭文件，否则后续程序无法再对此文件进行操作，写操作的内容也无法保存到文件中。但实际书写程序时，有可能会忘记写 close()方法，这就需要养成良好的编程习惯避免出现这种情况。但并非在任何情况下都能轻松确定关闭文件的恰当时机，如果在程序中过早地调用 close()方法，就会发现需要使用文件时它已关闭（无法访问），这会导致更多的错误。即使是考虑全面，在合适的位置添加了 close()方法关闭文件，但如果程序存在 bug，导致 close()语句未执行，文件将不会关闭。这看似微不足道，但未妥善地关闭文件可能会导致数据丢失或受损。

为了防止打开文件后未能正常关闭的情况出现，Python 提供了一种称为上下文管理器的功能。上下文管理器由 Python 的关键字 with 和 as 联合启动。

例 9-9   利用上下文管理器实现文件的读写操作。把例 9-6 改写成上下文管理器方法对文件完成写操作。

【参考代码】

```
with open('exp902.txt','w') as f:
    f.write("i like Python!")
```

运行结果和例 9-6 完全相同。关键字 with 和 as 设定了一个使用范围，只需要调用

open('exp902.txt','w')设定上下文管理器，而不再需要使用 f.close()关闭文件，缩进代码在上下文管理器范围内。程序执行过程中，一旦离开了 with 结构的缩进范围，立即执行关闭文件命令。这种结构就是让 Python 去确定，用户只管打开文件，并在需要时使用文件，Python 自己会在合适的时候自动将其关闭。

9.1.5 CSV 文件操作

CSV（comma-separated values）是指逗号分隔值。CSV 文件不是一种独立的文件类型，而是一种具有特殊格式的文本文件，可以理解为使用逗号（也可以是分号、制表符等简单字符）分隔的纯文本形式存储表格数据的文件，因此 CSV 文件的操作可以使用文本文件的函数和方法。CSV 文件是一个字符序列，文件内容不带任何格式信息，它可以使用记事本、写字板和 Excel 打开。这种文件格式在绝大多数计算机平台上通用，常用于不同程序之间转移表格数据。图 9-4 和图 9-5 所示分别是使用记事本和 Excel 打开的 CSV 文件。

图 9-4　使用记事本打开的 CSV 文件

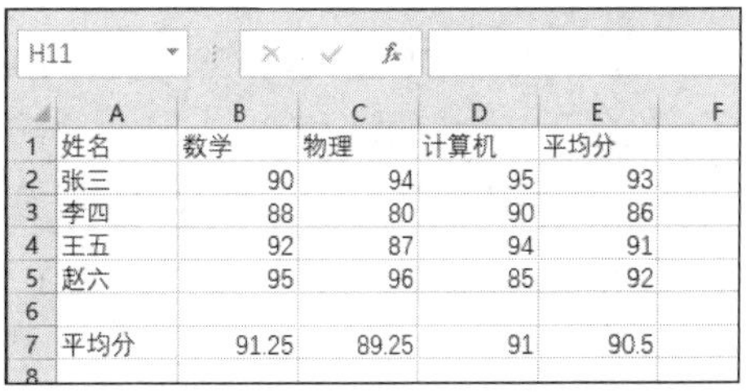

图 9-5　使用 Excel 打开的 CSV 文件

从图 9-4 和图 9-5 可以看出 CSV 文件的特点：文件由若干条记录组成，一行对应一条记录，每条记录都有同样的字段序列。记事本显示每条记录被英文半角分隔符（可以是逗号、分号、制表符等）分隔为多个字段，文件内容均为字符串，没有其他特殊字符和格式信息。

1. 创建一个 CSV 文件

先打开 Excel，新建一个空白电子表格文件，将数据输入文档中，如图 9-5 所示。将此电子表格文件保存为一个 CSV 文件，选择"文件"→"另存为"选项，在打开的"另存为"对话框的"保存类型"下拉列表中选择"CSV（逗号分隔）(*.csv)"选项后单击"保存"按钮，如图 9-6 所示。

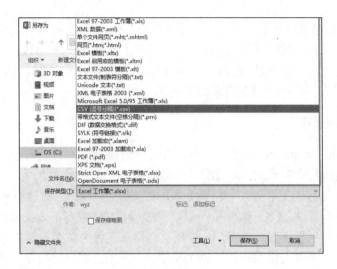

图 9-6　保存 CSV 文件

Python 提供了 CSV 模块解决、处理 CSV 文件中的各种问题，CSV 模块能够兼容多种来源并且以简单的方法读写 CSV 文件。CSV 文件可以使用 open 命令直接打开，使用 close 命令关闭文件，用法和 9.1.1 节介绍的一样，还可以使用上下文管理器（with 结构）处理文件。打开文件后使用 csv.reader 对象读取文件，使用 csv.writer 写文件。

2. 读取 CSV 文件

使用 CSV 模块读取 CSV 文件数据时，需要先创建一个 reader 对象。以只读方式打开文件并创建文件对象，作为 reader 方法的参数，通过迭代遍历 reader 对象来遍历文件。与文件对象相似，可以用于遍历文本文件的内容，不同之处在于 csv.reader 每次循环返回文件中的一行，并且从循环返回的值不是字符串，而是字符串列表，列表中每个元素代表行中的一个字段。下面以 score.csv 文件为例，执行代码读取文件中的内容，并输出。

```python
import csv
stucsv=[]                          #创建一个空列表
with open('score.csv','r')as sccsv:
    readsc=csv.reader(sccsv)
    for line in readsc:
        stucsv.append(line)        #将每条记录添加到列表中
print(stucsv)
```

运行代码后，输出结果如下。

```
[['姓名', '数学', '物理', '计算机', '平均分'], ['张三', '90', '94', '95',
'93'], ['李四', '88', '80', '90', '86'], ['王五', '92', '87', '94', '91'], ['
赵六', '95', '96', '85', '92'], ['', '', '', '', ''], ['平均分', '91.25', '89.25',
'91', '90.5']]
```

上述代码中，使用 with 结构只读模式打开 score.csv，针对该文件创建了一个 CSV 的 reader 对象 readsc，通过 for 循环遍历，按行输出文件中的数据。score.csv 文件的每一行输出一个列表，并且文件中的数据都是字符串形式。第 6 行是空行，列表的元素均为空字符串。

3. 写入 CSV 文件

使用 CSV 模块将数据写入 CSV 文件数据时，需要先创建一个 writer 对象。然后调用 writer 对象的 writerrow()方法将以列表存储的一行数据写入文件中。

接上述代码，把 stucsv 列表中的前 5 个元素，即字段名和 4 条记录（不包含最后的平均值）写到新文件 score1.csv 中，并在最后增加一条新记录。代码如下。

```
with open('score1.csv','w')as sccsv:
    writersc=csv.writer(sccsv)
    for i in range(0,5):                #把列表中的前 5 个元素写入文件中
        writersc.writerow(stucsv[i])
    writersc.writerow(["牛七",'95','87','85','89'])
```

执行上述代码后，使用 Excel 打开 score1.csv 文件，如图 9-7 所示，文件写入后两条记录之间都有一个空行，需要修改代码，在打开文件时增加一个参数“newline=''”（等于空字符），指明在写入新记录后不插入空行，如图 9-8 所示。

```
with open('score1.csv','w',newline='')as sccsv:
        writersc=csv.writer(sccsv)
        for i in range(0,5):
            writersc.writerow(stucsv[i])
        writersc.writerow(["牛七",'95','87','85','89'])
```

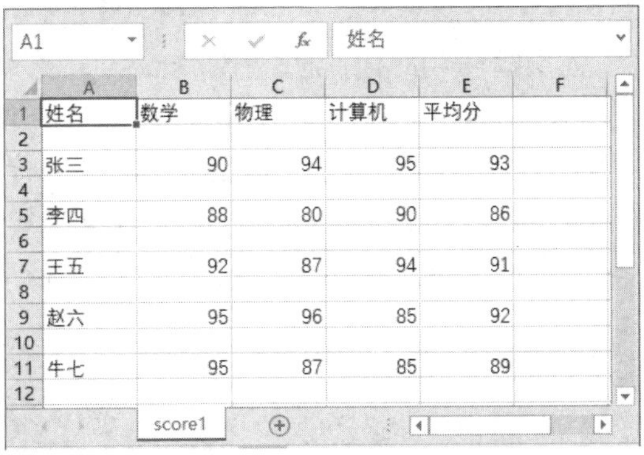

	A	B	C	D	E	F
1	姓名	数学	物理	计算机	平均分	
2						
3	张三	90	94	95	93	
4						
5	李四	88	80	90	86	
6						
7	王五	92	87	94	91	
8						
9	赵六	95	96	85	92	
10						
11	牛七	95	87	85	89	
12						

图 9-7　记录之间有空行

	A	B	C	D	E
1	姓名	数学	物理	计算机	平均分
2	张三	90	94	95	93
3	李四	88	80	90	86
4	王五	92	87	94	91
5	赵六	95	96	85	92
6	牛七	95	87	85	89
7					

score1

图 9-8 记录之间没有空行

例 9-10 CSV 应用举例。

我们继续处理上述代码中的数据，统计完学生的各科成绩，结果存放在 score1.csv 文件中，现在计算每门课程的平均分，将计算的结果在文件结尾增加一条新记录，第一个元素为“平均分”，后面的元素分别写在对应字段名的下面。

上述代码已经实现了数据的读取，并把记录写到 score1.csv 文件中。下面开始计算各科的平均分。

第一步，把最后增加的一条记录增加到列表 stucsv 的第 5 个位置。

```
stucsv.insert(5,["牛七",'95','87','85','89'])
```

这样 stucsv 中的第 1～5 条记录就存储了每个学生的各科成绩，如图 9-8 中的第 2～第 6 行的 B～D 列。

第二步，计算各科的平均分，先对各科的成绩求和，代码如下。

```
sumstu=[0]*4                        #列表存放求和结果，需初始化为 0
    for i in range(1,5):
        for j in range(1,6):
            sumstu[i-1]=sumstu[i-1]+eval(stucsv[j][i])
        sumstu[i-1]/=5
```

代码中是双层循环，内层循环 j 的范围为 1～5，stucsv[j]表示第 1～5 条记录对应 5 个学生记录，外层循环 i 的范围为 1～4 表示 4 门课程，stucsv[j][i]表示的是第 j 条记录的第 i 个元素的值，也就是第 i 门课程的成绩。根据双层循环的特点，先确定课程列后，对每个学生（行）的成绩求和，求和后 sumstu[i-1]/=5，计算平均值。

第三步，将数据写入文件中。采用追加模式打开文件，将 sumstu 的内容追加到文件的结尾。

【参考代码】

```
import csv
    stucsv=[]
    with open('score.csv','r')as sccsv:
        readsc=csv.reader(sccsv)
        for line in readsc:
            stucsv.append(line)
```

```
with open('score1.csv','w',newline='')as sccsv:
    writersc=csv.writer(sccsv)
    for i in range(0,5):
        writersc.writerow(stucsv[i])
    writersc.writerow(["牛七",'95','87','85','89'])

stucsv.insert(5,["牛七",'95','87','85','89'])
sumstu=[0]*4
for i in range(1,5):
    for j in range(1,6):
        sumstu[i-1]=sumstu[i-1]+eval(stucsv[j][i])
    sumstu[i-1]/=5
sumstu.insert(0,"平均分")          #在列表 sumstu 开始位置插入 "平均分"
stucsv.append(sumstu)
with open('score1.csv','a',newline='')as sccsv:
    writersc=csv.writer(sccsv)
    writersc.writerows([[],sumstu])
```

代码 writersc.writerows([[],sumstu]) 使用了 writerows()方法，参数是一个列表 [[],sumstu]，这个列表有两个元素，第一个元素是空列表，第二个元素是 "平均分" 列表。writerows()方法将参数列表中的每一个元素列表作为一行写入 CSV 文件。

9.1.6 程序示例

例 9-11 文本文件存储了一组数据，每行一个浮点数，表示某个学生的若干门课程的成绩，读取这些成绩，把它们写到另外一个文件中，计算这个学生的总成绩及平均成绩并输出到文件的结尾。输入文件的内容如图 9-9 所示。

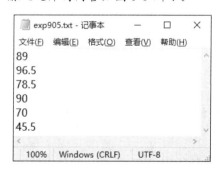

图 9-9 学生成绩文件内容

【参考代码】

```
#提示用户输入源文件名和输出目标文件名
inFilename=input("输入源文件名称：")
outFilename=input("输入目标文件名称：")
```

```
#总和变量和计数变量初始化
total=0.0
count=0
#利用上下文管理器打开两个文件
with open(inFilename,'r') as inf:
    line=inf.readline()                    #读一行数据
    with open(outFilename,'w')as outf:
        while line!="":                    #通过循环判断是否读到了文件的结尾
            outf.write(line)               #把成绩写到目标文件中

            total=total+float(line)        #计算总成绩
            count+=1                        #统计课程的个数
            line=inf.readline()            #读下一行数据

        outf.write("\n")                   #写入最后一个成绩后换行
        outf.write("总分为："+ str(total)+'\n')      #写入总成绩
        outf.write("平均分："+str(total/count))       #写入平均成绩
```

上述代码的运行结果如图 9-10 所示。

编写代码时要注意格式缩进，第二个 with 结构要嵌套在第一个 with 结构中，while 循环和 3 条 write()语句要嵌套在第二个 with 结构中。

例 9-12 已知文本文件中存储了若干国家名称和人数，读取文件的数据统计这些国家的人数总和。文本文件的数据如图 9-11 所示。

图 9-10 学生成绩统计结果　　　　　　图 9-11 人口统计（单位：亿人）

【问题分析】

读取这种格式的数据非常容易，因为每个记录包含两个字段，我们从文件中读取两行来构成一个记录。这需要使用 readline()方法和一个检查文件尾（警戒值）的 while 循环来实现。

【参考代码】

```
#提示用户输入源文件名
inFilename=input("输入源文件名称：")
#总和变量和计数变量初始化
```

```
    total=0.0

    with open(inFilename,'r') as inf:
        line=inf.readline()                          #读取第一条记录的第一个字段
        while line !="":                             #检查文件尾
            countryname=line.rstrip()                #删除\n 符号
            line = inf.readline()                    #读取第二个字段
            population = float(line)                 #转换成数值，忽略\n 符号
            total=total+population
            print(countryname,population)
            line = inf.readline()                    #读取下一条记录的第一个字段
    print("所有国家的人数之和为：",total)
```

【运行结果】

```
输入源文件名称：exp907.txt
中国 14.01
美国 3.27
印度 13.26
日本 1.26
所有国家的人数之和为： 31.8
```

第一条记录的第一个字段必须通过“预读取”来获得，防止文件中不包含记录。一旦进入循环，就从文件中读取该记录的剩余字段。利用 rstrip()方法从字符串字段的尾部删除换行符，包含数字字段的字符串被转换成它们合适的类型（这里是 float）。在循环体的尾部，继续读取下一条记录的第一个字段。

例 9-13　文本文件存储了若干学生的 3 门课程成绩，如图 9-12 所示，统计每个学生的总分和每门课程的平均分。

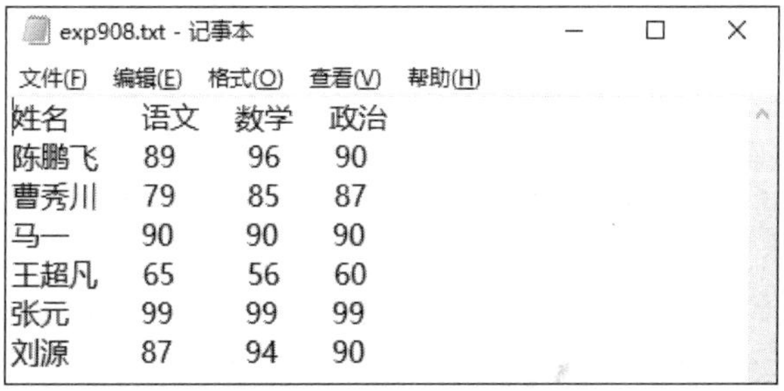

姓名	语文	数学	政治
陈鹏飞	89	96	90
曹秀川	79	85	87
马一	90	90	90
王超凡	65	56	60
张元	99	99	99
刘源	87	94	90

图 9-12　学生成绩统计

```
#提示用户输入源文件名和输出目标文件名
inFilename=input("输入源文件名称：")
slist=[]
#读取文件
with open(inFilename,'r',encoding='utf-8') as f:
```

```
        title=f.readline().rstrip().split()
        for line in f:
            b=line.rstrip().split()
            slist.append(b)
#输出标题
for a in title:
    print(a,end='\t')
print("总分")
#计算每个学生的总分
for score in slist:
    total=0
    for i in range(1,4):
        total=total+int(score[i])

    score.append(total)
    for i in range(0,5):
        print(score[i],end='\t')
    print()
#计算每门课程的平均分
print("平均分",end='\t')
for i in range(1,4):
    stotal=0
    aver=0
    for j in range(0,len(slist)):
        stotal+=int(slist[j][i])

    aver=stotal/len(slist)
    print('%.1f' % aver,end='\t')
```

【运行结果】

输入源文件名称:exp908.txt

姓名	语文	数学	政治	总分
陈鹏飞	89	96	90	275
曹秀川	79	85	87	251
马一	90	90	90	270
王超凡	65	56	60	181
张元	99	99	99	297
刘源	87	94	90	271
平均分	84.8	86.7	86.0	

9.2 》 二进制文件操作

计算机信息是由二进制数值编码表示的，因此所有文件也是由二进制的 0、1 构成的。但文件的区分是基于编码方式的，这样就有了文本文件与二进制文件的不同。二进制文件的操作与文本文件的操作类似，也可以通过 open()函数打开，不同的是 mode 参数设置不同，需要加上"b"，表示对二进制文件进行操作（表 9-1）。二进制文件是基于值编码的文件，用户一般不能直接读懂它们，只有通过相应的软件才能将其显示出来。二进制文件一般是可执行程序、图形、图像、声音、文档等。

例 9-14 打开一个 Word 文档 exp910.docx，读取内容并将其写入另外一个 Word 文档 exp911.docx 中。Word 文档包含文字和图片。

【参考代码】

```
with open('exp910.docx', 'rb') as f:        #以二进制只读方式打开 Word 文档
    with open('exp911.docx', 'wb') as w:    #以二进制写方式打开 Word 文档
        for line in f.readlines():          #遍历列表写入新的 Word 文档中
            w.write(line)
```

程序执行后，在文件夹中新生成一个 exp911.docx 文件，打开后将其与源文件进行对比，两个文件相同，完成文件的复制。如果在 for 循环中添加"print(line)"用于查看文件的内容，则会输出很多类似"b'\x1a\xf0\xbc\xd1'"的数据，其中"b"是字节数据的标识符号。

由于 Python 没有二进制数据类型，即使是位运算也是在整数类型中进行的，因此 Python 可以用字符串类型与字节单位来表示二进制数据。

字节数据与字符串数据之间的转换通过以下两个函数实现：

. str.encode(encoding="UTF-8",<errors>="strict")

. str.decode(encoding="UTF-8",<errors>="strict")

【说明】

1）第一个函数是把字符串数据转换为字节数据，第二个函数是把字节数据转换为字符串数据。两个函数互为反函数。

2）encoding：表示所用的字符串编码格式，可以根据字符串类型确定（表 9-2），常用的是"UTF-8"。

3）errors：设置错误处理方法。当省略时，如果编码出错则会产生 UnicodeError 异常。

从英文含义来看，encode 和 decode 分别指编码和解码。在 Python 中，Unicode 类型是作为编码的基础类型的，即：

```
        encode        decode
    string →str(Unicode)→string
```

例 9-15 利用上述两个函数实现字节数据与字符串数据的转换。

【参考代码】

```
#字符串数据转换为字节数据
s1="i like Python"
#使用 UTF-8 编码方式对 s1 进行编码，获得字节类型对象
s1_byte=s1.encode(encoding='UTF-8',errors='strict')
print(s1_byte)

#字节数据转换为字符串数据
s2_byte=b'i hate Python'
#使用 UTF-8 进行编码，获得字符串类型对象
s2=s2_byte.decode(encoding='UTF-8',errors='strict')
print(s2)
```

【运行结果】

```
b'i like Python'
i hate Python
```

把字符串修改为中文字符串后再执行转换：

```
#字符串数据转换为字节数据
u = '中文'                     #指定字符串类型对象 u
str1 = u.encode('gb2312')
#使用 GB/T 2312-1980 编码方式对 u 进行编码，获得字节类型对象
print(str1)
```

运行程序，输出结果如下。

```
b'\xd6\xd0\xce\xc4'
```

将字节数据转换为字符串数据。

```
u = str1.decode('gb2312')
#使用 GB/T 2312-1980 编码方式对 u 进行编码，获得字符串类型对象
print(u)
```

运行程序，输出结果如下。

```
中文
```

例 9-16 读写二进制文件。将图 9-12 中的文件内容写入二进制文件，然后读取二进制文件的内容并输出。

【参考代码】

```
#提示用户输入源文件名
inFilename=input("输入源文件名称：")
```

```
#读取文本文件,转换为字节数据,写入二进制文件中
with open(inFilename,'r') as inf:
    line=inf.readline()              #读取第一条记录的第一个字段
    with open("exp914.bin",'wb') as outf:
        while line !="":             #检查文件尾
            b_line=line.encode("utf-8")
            outf.write(b_line)
            line=inf.readline()
#读取二进制文件,转换为字符串数据并输出
with open('exp914.bin','rb') as outf:
    for line in outf.readlines():
        print(line.decode('utf-8'),end="")
```

【运行结果】

输入源文件名称: exp908.txt

姓名	语文	数学	政治
陈鹏飞	89	96	90
曹秀川	79	85	87
马一	90	90	90
王超凡	65	56	60
张元	99	99	99
刘源	87	94	90

习　题

1. 输入 3 个字符串,写入一个文本文件中,读取该文件的字符串并输出。

2. 已知 n 个学生的 3 门课程成绩,通过键盘输入各科成绩,计算每个学生的总成绩及各科的最高分,将结果输出到文本文件中。

3. 文本文件存储了 10 个学生的 3 门课程(语文、数学、英语)成绩,分别按照 3 门课程成绩排序,并将结果分别存储到 3 个文本文件中。

4. 编写程序统计一个文件中的字符数、单词数及行数,单词由空格分隔。

5. 编写程序输出一个学生的成绩报告。假设有一个文本文件的内容是学校的课程名称,如数学、语文、英语和物理等。每门课程由独立的一个文本文件存储学生的学号和成绩,如下。

```
21001 96
21002 86
21003 91
......
```

编写程序,实现输入一个学生的学号,然后查找所有课程文件并输出学生的成绩报

表。例如：

```
学生学号：21001
数学 96
语文 98
......
```

6. 编写程序，从一个文本文件中读取多个学生的考试成绩，其中数据格式如下。

```
zhangsan
80 68 78
lisi
85 89 95
wangwu
96 85 74
zhaoliu
95 84 76
```

创建一个电子表格的 CSV 文件，如图 9-13 所示。

	A	B	C	D	E
1	姓名	数学	语文	计算机	平均值
2	张丽	80	68	78	75.33
3	李立	85	89	95	89.67
4	王利	96	85	74	85.00
5	赵黎	95	84	76	85.00
6					

图 9-13　CSV 文件

7. 将字符串"Life is short，you need Python"写入二进制文件中，读取文件内容并输出。

第 10 章 Python 生态环境

本章主要介绍 Python 的内置函数、标准库（random 库、time 库、turtle 库）的使用方法，并简单介绍第三方库的导入方法。

10.1 》 Python 内置函数

Python 解释器自带了很多函数，Python 给用户提供了一些常用功能，并给它们起了独一无二的名称，这些常用功能就是内置函数。当 Python 解释器启动以后，内置函数自动生效，程序员编程时可以直接使用，不需要导入某个模块，在前面的相关章节中已经介绍了许多内置函数。

Python 现在共有 69 个内置函数，在前面的相关章节中已经介绍了部分常用的内置函数，如介绍序列数据中的 tuple()、list()、dict()、set()、range()、reversed()、sorted()等函数，关于数学运算的 abs()、divmod()、max()、min()、sum()等函数，输入输出函数等。

除了前面介绍的内置函数，表 10-1 还列出了 Python 的一部分内置函数。

表 10-1　Python 的内置函数（部分）

函数	功能
all(iterable)	如果 iterable 的所有元素均为真值，则返回 True
any(iterable)	如果 iterable 的任意一个元素为真值，则返回 True
map(function, iterable, …)	使用指定方法去作用于可迭代对象的每个元素，生成新的可迭代对象
iter(object[, sentinel])	根据传入的参数创建一个新的可迭代对象
next(object)	获取下一个元素
filter(function, iterable)	使用过滤器函数排除可迭代对象中的元素
bytes([source[, encoding]])	返回一个字节数组，不可变序列
bytearray([source[, encoding]])	返回一个字节数组，可变序列
slice([start,]stop[, step])	创建一个切片对象，主要用于切片操作函数中的参数传递
hasattr(object, name)	判断 name 是否是对象的一个属性
getattr(object,name[, default])	返回一个对象属性值
setattr (object, name, value)	设置一个对象的属性值
delattr(object, name)	删除对象指定的属性
callable (object)	检测 object 是否可被调用。如果 object 是可调用的，就返回 True，否则返回 Flase
object()	创建一个新的 object 对象
id (object)	返回对象的唯一标识符
hash(object)	获取对象（字符串或数值等）的哈希值
dir([object])	返回当前本地作用域中的名称列表；返回该对象的有效属性列表

续表

函数	功能
help([object])	启动内置的帮助系统
super([type[,object-or-type]])	用于调用父类（超类）的方法
compile()	将字符串编译成代码或 AST 对象。代码对象可以被 exec() 或 eval() 执行
exec(object[,globals[,locals]])	执行动态语句块
globals()	以字典类型返回当前位置的全部全局变量
locals()	以字典类型返回当前位置的全部局部变量
breakpoint(*args, **kwargs)	调用此函数，进入调试器中。参数是不定长数据
__import__	动态导入模块。Python 很少使用
memoryview(obj)	返回由给定实参创建的"内存视图"对象
vars([object])	返回字典形式的模块、类、实例的属性列表
staticmethod()	装饰器，将一个方法封装成静态方法
classmethod()	装饰器，将一个方法封装成类方法
property([fget[,fset[,fdel[, doc]]]])	装饰器，返回 property 属性

相关示例如下。

1. 序列操作相关函数

```
>>> all([1,2,3])        #所有元素均为真值则返回 True
True
>>> all((1,0,3))
False
>>> any([1,0,3])
True
>>> any({})
False
>>> set(map(hex,(1,2,3)))      #把对象的元素转换为十六进制
{'0x3', '0x1', '0x2'}
>>> a=iter("1234")             #创建字符迭代对象
>>> next(a)                    #读下一个数据
'1'
>>> next(a)
'2'
>>> a=filter(lambda x:x>0,[-1,2,-3,4,-5])      #过滤出大于零的元素
>>> for x in a:
    print(x,end='\t')
2    4
>>> bytes('python','ansi')
b'python'
>>> bytearray('中国','UTF-8')                   #返回字节数组
bytearray(b'\xe4\xb8\xad\xe5\x9b\xbd')
```

```
>>> myslice = slice(0,10,2)      #设置0~10步长为2、大小为5的切片
>>> list(range(10)[myslice])
[0, 2, 4, 6, 8]
```

2. 反射操作

```
class Mycls:                      #创建类
    x = 10
    y = -5
    z = 0
    m=9
 myobj = Mycls()                  #定义变量
print(hasattr(myobj, 'x'))        #判断x是否是myobj属性
print(getattr(myobj,'y'))         #获取属性y的值
setattr(myobj,'z',10)             #设置myobj的属性z值为10
print(myobj.z)
delattr(Mycls,'m')                #删除类的属性m
print(hasattr(myobj, 'm'))        #判断是否有属性m
print(callable(Mycls))            #检测类是否能被调用
```

执行上述程序，运行结果如下。

```
True
-5
10
False
True
```

3. 变量操作

```
#locals()以字典类型返回当前位置的全部局部变量
def fun(arg):
    z = 1
    return(locals())
print(fun (2))
```

函数中有两个变量，输出结果如下。

```
{'arg': 2, 'z': 1}
```

globals()以字典类型返回当前位置的全部全局变量。例如：

```
from math import *
globals()
```

输出 math 库中的全部函数。

4. 编译执行

```
#compile()将字符串编译成代码
>>> c = 'for i in range(0,10): print (i,end=" ")'    #字符串
>>> exec(compile(c,'','exec'))                        #代码语句用 exec 执行
0 1 2 3 4 5 6 7 8 9
>>> c='5*2+3'
>>> eval(compile(c,'','eval'))                        #简单运算式用 eval 执行
13
```

5. 对象操作

```
>>> id({1,2,3})
2362311371008      #集合{1,2,3}的唯一标识符
>>> hash('a')
-317305849161416623   #'a'的哈希值
>>> import time
>>> dir(time)                 #返回 time 的所有属性
['_STRUCT_TM_ITEMS',    '__doc__',    '__loader__',    '__name__',
'__package__', '__spec__', 'altzone', 'asctime', 'ctime', 'daylight',
'get_clock_info',    'gmtime',    'localtime',    'mktime',    'monotonic',
'monotonic_ns',    'perf_counter',    'perf_counter_ns',    'process_time',
'process_time_ns',    'sleep',    'strftime',    'strptime',    'struct_time',
'thread_time', 'thread_time_ns', 'time', 'time_ns', 'timezone', 'tzname']
>>> v = memoryview(b'123')    #返回 b'123'创建的"内存视图"对象
>>> v[1]
50
>>> v[2]
51
```

vars()返回字典形式的模块、类、实例的属性列表。例如：

```
class Mycls:
    def __init__(self,age,sex):
        self.age =age
        self.sex = sex
myobj=vars(Mycls(22,'Female'))
print(myobj)
```

输出结果如下。

```
{'age': 22, 'sex': 'Female'}
```

Memoryview 用于返回给定参数的内存查看对象。例如：

```
s =memoryview(bytearray('ABCDEF','UTF-8'))
>>> s                        #字节数组在内存的存储地址和内容
<memory at 0x000001C68D122B80>
>>> s[1]                     #第一个元素的内容
66
>>> s[0]                     #第零个元素的内容
65
```

本节只是对 Python 内置函数进行简要介绍，详细内容可参考 Python 说明文档和前面相关章节的介绍。

10.2 》 标　准　库

Python 语言相比其他语言，代码简单优雅，但是 Python 包含了一个用来创建功能强大的程序的标准库。Python 库一般是别人写好的一些代码集合，编程时可以在程序中直接使用，标准库属于编程语言的一部分，包含在编程语言的系统中。Python 的标准库被组织为模块，相关的函数和数据类型被分组封装进同一个模块中，当程序使用该模块时，需要提前导入程序中。

10.2.1　导入标准库

导入 Python 中的标准库，最常用的导入方法是使用 import 语句。导入标准库的方法有两种：第一种是使用 import 语句实现对标准库的整体导入，第二种是使用 from…import 语句导入标准库中的指定成员。

1. 使用 import 语句导入标准库

使用 import 语句导入标准库的语法格式如下。
格式 1：

```
import 标准库名
```

格式 2：

```
import 标准库名 as 别名
```

格式 3：

```
import 标准库名 1，标准库名 2 ，…，标准库名 n
```

格式 4：

```
import 标准库名 1 as 别名 1 ，标准库名 2 as 别名 2 ，…，标准库名 n as 别名 n
```

导入标准库后，所有的成员都可以调用。调用成员时需要使用圆点运算符，如果没有加标准库名或别名则无法访问成员名，并且 Python 会触发异常错误，其语法格式如下。

> 标准库名.成员名

或

> 别名.成员名

例 10-1 已知直角三角形的两条直角边，计算第三条边。
【参考代码】

```
import math                  #导入 math 库
a=eval(input('a='))
b=eval(input('b='))
c=math.sqrt(a*a+b*b)         #调用 math 库的 sqrt()函数
   print(c=)
```

【运行结果】

```
a=3
b=4
c=5.0
```

2. 使用 from …import 语句导入标准库

导入模块的指定成员，使用 from…import 语句来实现，其语法格式如下。
格式 1：

```
from  <标准库名> import  <成员>
```

格式 2：

```
from  <标准库名> import  <成员 1>，<成员 2>，…，<成员 n>
```

格式 3：

```
from  <标准库名> import  *
```

格式 1 引用指定库中的一个指定成员；格式 2 引用指定库中的若干个指定成员；格式 3 引用指定库中的所有成员，之后可以直接调用引用的成员，而不必再使用圆点运算符。利用格式 3 引用指定标准库，对于简单程序有助于简化后续程序对成员的调用，但是当程序比较复杂时不建议使用，当在程序中引入了多个不同的标准库时，若这些标准库中有相同名称的函数，或者与用户自定义的函数重名，那么将会引发未知的错误，建议使用哪个函数就引入这个函数。

例 10-2 已知直角三角形的两条直角边，计算第三条边。使用 from…import 语句导入 math 模块。
【参考代码】

```
from math import sqrt    #导入 math 库的 sqrt()函数
```

```
a=eval(input('a='))
b=eval(input('b='))
c=sqrt(a*a+b*b)          #调用 math 库的 sqrt()函数
print(c)
```

计算 c 时调用 sqrt()函数前不能再加 math.，否则会提示 NameError 异常错误。

10.2.2 random 库

random 库主要的作用是生成伪随机数，下面介绍 random 库的主要应用。表 10-2
列出了 random 库的常用函数。

表 10-2 random 库的常用函数

函数	说明
random()	随机生成一个[0.0,1.0)的随机浮点数
seed()	初始化伪随机数种子
uniform(a,b)	随机生成一个[a,b]内的随机浮点数
randint(a,b)	随机生成一个[a,b]内的随机整数
randrange([start,]stop[, step])	返回指定递增基数集合中的一个随机整数，基数 step 默认值为 1。区间范围为[start,stop)，3 个参数要求都是整数
choice<序列名>	从序列中获取随机数
sample<序列名,n>	从系列中随机获取指定长度的片段
shuffle(序列名)	将列表中的所有元素随机排序

例 10-3 随机数示例。

```
>>> from random import *       #导入 random 库中的所有函数
>>> random()
0.4124088103230019
>>> random()
0.032585065282054626
>>> randint(0,100)             #生成[0,100)内的随机整数
77
>>> uniform(0,100)            #生成[0,100)内的随机浮点数
73.78480451243853
```

例 10-4 seed()函数用法示例。

随机数种子（random seed）在伪随机数生成器中用于生成伪随机数的初始数值。seed()
函数用于初始化伪随机数种子以生成预期的一组随机值，通过循环生成 5 个随机小数。

【参考代码】

```
import random
random.seed(10)
for i in range(5):
```

```
    print('{:04.3f}'.format(random.random()), end=' ')
print()
```

【运行结果】

```
0.571 0.429 0.578 0.206 0.813
```

多次运行上面的程序发现，每次输出的结果得到 5 个不同的随机数，但是每次输出的 5 个随机数是同一序列，没有变化。这是因为对于一个伪随机数生成器，从相同的随机数种子出发，可以得到相同的随机数序列。随机数种子通常由当前计算机的状态确定，如当前的时间。这种情况在调试程序时或以不同的方式处理相同的数据集时是很有用的。

例 10-5　随机生成 10 个 100～200 之间的奇数。

【问题分析】

本例用到 randrange()函数，根据题意，范围开始值是 101，结束值是 200，递增基数 2。

【参考代码】

```
import random
for i in range(10):
    print(random.randrange(101,201,2),end=' ')
```

【运行结果】

```
113 103 193 129 107 135 129 125 181 191
```

循环 10 次，调用 randrange()函数 10 次，随机生成了 10 个奇数。随机数的结果可以认为是在 range(101,200,2)范围内的数中选择了一个随机值。

例 10-6　随机选择序列值示例。

【问题分析】

choice()、sample()、shuffle()都属于对序列操作的函数，通过下面的示例演示这 3 个函数的基本用法。

【参考代码】

```
import random
lst=[]
for i in range(1,11):
    lst.append(random.randint(1,100))
print("随机数列表: ",lst)
print("随机选择其中一个输出: ",random.choice(lst))
print("随机选择其中 5 个输出: ",random.sample(lst,5))
random.shuffle(lst)
print("随机数列表: ",lst)
```

【运行结果】

```
随机数列表： [35, 49, 39, 18, 2, 40, 4, 47, 6, 32]
随机选择其中一个输出： 40
随机选择其中 5 个输出： [32, 18, 35, 40, 4]
随机数列表： [49, 6, 4, 35, 18, 2, 39, 32, 47, 40]
```

choice()参数可以是列表、元组和字符串，如果使用集合和字典则必须先转换为列表或元组；sample()参数可以是列表、元组、集合和字符串，如果使用字典则必须先转换为其他类型的序列；shuffle()只能对列表进行操作。

例 10-7　现有一个文本文件，存储了部分以字母"a"开头的四级词汇，每次从中选取 5 个单词学习。文件内容如下："abandon aboard absolute absolutely absorb abstract abundant abuse academic accelerate access accidental accommodate accommodation accompany accomplish accordance accordingly account aunt accumulate accuracy accurate accustomed acid acquaintance acquire acre adapt addition additional address　adequate adjust administration　admission admit advance a:ns advanced adventure advisable"。

【问题分析】

首先使用 open()函数打开文件，从文件中读取单词并存放到一个列表中，然后使用 sample()从列表中随机选择 5 个单词并输出。

【参考代码】

```python
import random
word1=[]
with open('words.txt', 'r') as f:
    words = f.readlines()
    for w in words:
        word1= w.split()
for w in random.sample(word1, 5):
    print(w)
```

【运行结果】

```
accordingly
account
aboard
accommodation
abandon
```

随机输出，每次运行的结果不同。

例 10-8　实现两位正整数的四则运算测试。

【问题分析】

调用 random 库中的随机函数 random()生成两个两位数，调用 choice()从+、-、*、/中随机选取一个运算符，组成一个算数表达式，由用户输入一个计算结果，由程序测试是否正确。

【参考代码】

```
import random
a=random.randint(10,100)
b=random.randint(10,100)
c=random.choice('+-*/')
print("计算下面表达式的值（除法保留一位小数）: ")
print("计算",a,c,b,end="=\t")
s=eval(input())
if c=='+':
    if s==a+b:
        print("求和正确")
    else:
        print("求和错误")
elif c=='-':
    if s==a-b:
        print("求差正确")
    else:
        print("求差错误")
elif c=='*':
    if s==a*b:
        print("求积正确")
    else:
        print("求积错误")
else:
    if s==round(a/b,1):
        print("除法正确")
    else:
        print("除法错误")
```

【运行结果】

```
计算下面表达式的值（除法保留一位小数）
计算 98 / 60= 1.6
除法正确
```

10.2.3　time 库

Python 的 time 库用于处理时间，下面介绍常用的函数及其调用方法。在调用 time 库函数前要导入 time 库，其语法格式如下。

```
import time
```

time 库的函数大致分为两类：第一类是读取时间指令，第二类是格式转换函数。下面分别介绍。

1. time()函数

time.time()函数的功能是返回当前时间的时间戳。

时间戳是 Python 表示时间的一种方式，它表示的是从 1970 年 1 月 1 日 08 时 00 分 00 秒开始按秒计算的偏移量。

例如：

```
>>> time.time()
1612318417.5266025
```

2. localtime()函数和 gmtime()函数

localtime()函数将一个时间戳转换为当前时区的 struct_time 元组，语法格式如下。

```
time.localtime([secs])
```

其中，参数 secs 为秒数，如果省略，则表示把当前时间的时间戳转换为 struct_time 元组，等效于 time.localtime(time.time())。struct_time 元组是 Python 表示时间的另外一种方式，如表 10-3 所示。

表 10-3　struct_time 元组

索引	属性	取值及范围
0	tm_year（年）	1900～2099
1	tm_mon（月）	1～12
2	tm_mday（日）	1～31
3	tm_hour（时）	0～23
4	tm_min（分）	0～59
5	tm_sec（秒）	0～61
6	tm_wday（一周中的天数）	0～6，周一是 0
7	tm_yday（一年中的天数）	1～366
8	tm_isdst（是否夏令时）	0（不是夏令时），1（是夏令时）或-1（未知）
N/A	tm_zone	时区名称的缩写
N/A	tm_gmtoff	距离 UTC 向东的时间间隔，单位为秒

例如：

```
>>>import time
>>> time.localtime()              #当前时间
time.struct_time(tm_year=2021, tm_mon=2, tm_mday=3, tm_hour=16,
tm_min=39, tm_sec=0,   tm_wday=2, tm_yday=34, tm_isdst=0)
>>> time.localtime(0)             #0 秒
```

```
    time.struct_time(tm_year=1970,  tm_mon=1,  tm_mday=1,  tm_hour=8,
tm_min=0, tm_sec=0,   tm_wday=3, tm_yday=1, tm_isdst=0)
    >>> time.localtime().tm_zone
'中国标准时间'
```

gmtime()函数将一个时间戳转换为 UTC 的 struct_time 元组，语法格式和参数与 localtime()函数的语法格式和参数相同。

例如：

```
    >>> time.gmtime()
    time.struct_time(tm_year=2021,  tm_mon=2,  tm_mday=3,  tm_hour=8,
tm_min=58, tm_sec=38,  tm_wday=2, tm_yday=34, tm_isdst=0)
```

3. perf_counter()函数

perf_counter()函数的功能是返回性能计数器的值，具有最高可用分辨率的时钟，以计算机系统随机时间点为参考点，返回一个浮点数（单位为秒），单次调用无太大意义，因此只有连续调用，计算结果之间的差异才有实际作用。调用一次 perf_counter()函数，从计算机系统中随机选择一个时间点 A，计算其距离当前时间点 B1 有多少秒。当第二次调用该函数时，默认从第一次调用的时间点 A 算起，距离当前时间点 B2 有多少秒。两个函数取差，即实现从时间点 B1 到 B2 的计时功能。

例 10-9 调用两次 perf_counter()函数，输出时间差。

【参考代码】

```
import time
t0=time.perf_counter()
time.sleep (5)
t1=time.perf_counter()
print("第一次调用：",t0)
print("第二次调用：",t1)
print("两次调用时间差：",t1-t0)
```

【运行结果】

```
第一次调用： 0.5245934
第二次调用： 5.5249909
两次调用时间差： 5.0003975
```

4. sleep()函数

sleep()函数用于设置线程推迟至指定时间后运行，单位为秒，其语法格式如下。

```
    time.sleep(secs)
```

其中，参数 secs 是浮点数，表示暂停的秒数。例如，例 10-9 中的 sleep(5)表示当前线程暂停 5 秒。

下面的函数属于第二类格式转换函数。

5. mktime()函数

mktime()函数的功能是将指定的 struct_time 元组转换为时间戳，是 localtime()函数的反函数，其语法格式如下。

```
mktime(t)
```

参数 t 表示一个 struct_time 元组或完整的 9 位元组元素。

例如：

```
>>> time.mktime(time.localtime())
1612356349.0
```

6. asctime()函数

asctime()函数的功能是把一个由 gmtime()或 localtime()返回的表示时间的元组或 struct_time 转换为"Wed Feb　3 20:54:20 2021"形式的字符串，其语法格式如下。

```
time.asctime([t])
```

其中，参数 t 为 struct_time 元组或完整的 9 位元组元素，如果省略，则将 time.localtime()作为参数。

例如：

```
>>> time.asctime()
'Wed Feb  3 20:54:20 2021'
```

7. ctime()函数

ctime()函数的功能把一个时间戳转换为与 time.asctime()相同形式的形式，其语法格式如下。

```
time.ctime([secs])
```

其中，参数 secs 为浮点数，表示秒数。如果省略或参数为 None，则使用 time.time() 所返回的当前时间为参数。

例 10-10　ctime()函数示例。

【参考代码】

```
import time
print(time.ctime())
print(time.ctime(time.time()))
print(time.asctime())          #上面的 3 行代码的运行效果相同
print(time.ctime(1000000.0))
```

【运行结果】

```
Wed Feb  3 21:14:34 2021
Wed Feb  3 21:14:34 2021
Wed Feb  3 21:14:34 2021
Mon Jan 12 21:46:40 1970
```

8. strftime()函数

strftime()函数的功能是把一个代表时间的元组或 struct_time 元组转换为格式化的时间字符串，其语法格式如下。

```
time.strftime(format[,t])
```

其中，参数 format 表示格式化的时间字符串。t 表示需要转换的时间元组，如果省略 t，则使用由 time.localtime()返回的当前时间为参数；如果 t 中的任何字段超出允许范围，则引发 ValueError 错误。参数 format 中的格式化字符串的符号如表 10-4 所示。

表 10-4　参数 format 中的格式化字符串的符号

指令	意义
%a	本地星期的缩写名称
%A	本地星期的完整名称
%b	本地月份的缩写名称
%B	本地月份的完整名称
%c	本地相应的日期和时间表示
%d	十进制数 [01,31]，表示一月中的第几天
%H	十进制数 [00,23]，表示一天中的第几个小时（24 小时制）
%I	十进制数[01,12]，表示一天中的第几个小时（12 小时制）
%j	十进制数[001,366]，表示一年中的第几天
%m	十进制数[01,12]，表示月份
%M	十进制数[00,59]，表示分钟
%p	本地表示一天中的 AM 或 PM
%S	十进制数[00,61]，表示秒
%U	十进制数 [00,53]，表示一年中的周数（周日作为一周的第一天）。在第一个周日之前的日子都被认为是在第 0 周
%w	十进制数[0,6]，表示一周中的第几天。0 表示周日
%W	十进制数[00,53]，表示的一年中的周数（周一作为一周的第一天）。在第一个星期一之前的日子被认为是在第 0 周
%x	本地相应日期
%X	本地相应时间
%y	十进制数 [00,99]，表示没有世纪的年份
%Y	十进制数，表示带世纪的年份

续表

指令	意义
%z	时区偏移,以格式 +HHMM 或 -HHMM 形式的 UTC/GMT 的正或负时差指示,其中 H 表示十进制小时数字,M 表示分钟数字 [-23:59, +23:59]
%Z	时区名称(如果不存在时区,则为空字符)
%%	'%' 字符

例如:

```
>>> time.strftime("%y-%m-%d %X",time.localtime())
'21-02-03 21:43:19'
```

9. strptime()函数

strptime()函数的功能是把一个格式化时间字符串转换为 struct_time 元组,其语法格式如下。

```
time.strptime(string[,format])
```

其中,参数和 strftime()函数中的参数相同,两个函数互为反函数。

例如:

```
>>> time.strptime('21-02-03 21:43:19',"%y-%m-%d %X")
time.struct_time(tm_year=2021, tm_mon=2, tm_mday=3, tm_hour=21,
tm_min=43, tm_sec=19, tm_wday=2, tm_yday=34, tm_isdst=-1)
```

10.2.4　turtle 库

turtle 的中文意思是海龟,Python 的 turtle 库用于绘制图形,利用 turtle 库绘制图形的过程就是模拟海龟的爬行过程,海龟的爬行轨迹就是绘制的图形。turtle 库中包含了各种函数用于绘制图形。下面按照函数的功能分类介绍。

1. 画布与窗口

turtle 的绘图区称为画布,画布所在的窗口为绘图窗口。turtle 有两个函数来设置窗口和画布的大小位置。

(1) setup()函数

setup()函数的功能是设置绘图窗口的大小和位置,其语法格式如下。

```
turtle.setup(width, height, startx=None, starty=None)
```

其中,width 和 height 分别用于设置窗口的宽度和高度。当输入的宽和高为整数时,表示像素值;当宽和高为小数时,表示占据计算机屏幕的比例。(startx, starty)这一坐标表示绘图窗口左上角顶点在计算机屏幕的位置,也就是距离屏幕左边界和上边界的距离,数值型数据表示像素值。如果为空,则窗口位于屏幕中心。

例如:

```
turtle.setup(800, 600, 100,100)
```

（2）screensize()函数

screensize ()函数的功能是设置画布的大小和背景颜色，其语法格式如下。

```
turtle. screensize (width, height,backcolor)
```

其中，width 和 height 分别用于设置画布的宽度和高度（单位：像素），backcolor 用于设置画布的背景色。

例如：

```
turtle.screensize(600, 400, "green")
```

画布的默认大小为（400,300），如果设置的数据比窗口小，则画布会自动填充整个窗口。在画布上有一个坐标系，坐标原点（0,0）是画布的中心，向上向下分别为 x 轴正值和 x 轴负值，向右向左分别为 y 轴正值和 y 轴负值。在原点位置有一只面朝 x 轴正方向的小海龟（画笔箭头），绘图的过程就是小海龟爬行的过程。

2. 画笔设置

在开始绘图以前，需要设置好画笔的粗细、颜色和速度等。

（1）pensize()函数

pensize()函数用于设置画笔的宽度，也就是画笔的粗细，其语法格式如下。

```
turtle.pensize(width)
```

其中，width 表示画笔宽度，是数值型数据。如果省略参数 width 或设置为 None，则返回当前画笔宽度。

（2）pencolor()函数

pencolor()函数用于设置画笔颜色，其语法格式如下。

```
turtle. pencolor(colorstring)
```

或

```
turtle. pencolor(R,G,B)
```

其中，colorstring 表示以字符串形式设置颜色值，如 green、red、gray 等。

R、G、B 是由红绿蓝三种颜色通道的颜色组合，每种颜色取值范围是 0～255 的整数或 0～1 的小数。系统默认的是小数表示，也可以通过 turtle.colormode（1.0/255）来切换表示方式。若没有参数传入，则返回当前画笔颜色。

```
>>> turtle.pencolor('brown')
>>> tup = (0.2, 0.8, 0.55)
>>> turtle.pencolor(tup)
```

（3）fillcolor()函数

fillcolor()函数用于设置图形填充颜色，其语法格式如下。

```
fillcolor(colorstring)
```

fillcolor()函数参数设置与 pencolor()函数相同，这里不再赘述。

（4）speed()函数

speed()函数用于设置画笔移动速度，其语法格式如下。

```
speed(speed=None)
```

参数 speed 表示画笔移动速度，取值范围为[0,10]内的整数，数值越大，画笔移动的速度越快。

（5）hideturtle()函数与 showturtle()函数

这两个函数分别用于设置隐藏画笔和显示画笔。

3．绘图命令

（1）penup()函数和 pendown()函数

penup()函数是抬起画笔，这时画笔移动时不会在画布上绘图；pendown()函数时用于放下画笔，这时画笔移动时会在画布上绘图。画笔初始状态是放下画笔状态。

（2）forward()函数和 backward()函数

forward()函数用于控制画笔沿当前方向前进，其语法格式如下。

```
forward(distance)
```

backward()函数用于控制画笔沿当前相反方向前进，其语法格式如下。

```
backward(distance)
```

其中，参数 distance 是像素值，表示移动的距离，如果为正数则向正方向移动，如果为负数则向反方向移动。

（3）right()函数和 left()函数

right()函数用于控制画笔在当前方向的基础上向右（顺时针）转向，其语法格式如下。

```
right(degree)
```

其中，参数 degree 代表角度，其值可正可负。

left()函数用于控制画笔在当前方向的基础上向左（逆时针）转向，其语法格式如下。

```
left(degree)
```

其中，参数 degree 代表角度，其值可正可负。

（4）goto()函数和 home()函数

goto()函数用于移动画笔，其语法格式如下。

```
goto(x,y)
```

表示将画笔移动到坐标为（x,y）的指定位置。

home()函数表示将画笔放回到坐标原点（0,0）位置。

（5）circle()函数

circle()函数用于以给定半径画圆、弧形或多边形，其语法格式如下。

```
circle(radius[, extent=None, steps=None])
```

其中，radius 为指定的半径，半径为正（负），表示圆心在画笔的左边（右边）画圆；extent（弧度）用于设定弧形的角度值，若为正数则顺时针画弧形，若为负数则逆时针画弧形，省略 extent 或值为 None，则画圆；steps 表示作半径为 radius 的圆的内切正多边形，多边形边数为 steps。

（6）setheading()函数

setheading()函数的作用是按照参数的数值设置画笔的绝对角度方向，其语法格式如下。

```
setheading(degree)
```

其中，参数 degree 是一个角度值，表示画笔要转向的角度。这个角度值可以是任意实数，0°表示指向 x 轴正方向（向右），90°表示指向 y 轴正方向（向上），180°表示指向 x 轴负方向（向左），270°表示指向 y 轴负方向（向下）。

4. 控制命令

（1）clear()函数

turtle.clear()函数用于清空 turtle 窗口，画笔的位置和状态不会改变。

（2）reset()函数

turtle.reset()函数用于清空 turtle 窗口，重置 turtle 状态为初始状态。

例 10-11　画 20 个以原点为圆心的同心圆，圆的颜色在红色、蓝色、黑色、粉色中任选。

【参考代码】

```
import turtle,random
turtle.setup(500,500,100,100)              #设置绘图窗口的大小和位置
turtle.pencolor(random.choice(['red','blue','black','pink']))
                                           #设置画笔颜色
turtle.penup()                             #画笔抬起
turtle.goto(0,-100)                        #画笔向下移动 100
x=100                                      #画圆的初始半径
turtle.speed(10)                           #设置画笔速度
for i in range(20):                        #构造 20 次循环
    turtle.pendown()                       #画笔放下
    turtle.circle(x)                       #以 x 为半径画圆
    turtle.penup()                         #画笔抬起
    turtle.left(90)                        #左转 90°，向上
```

```
    turtle.fd(5)                                #移动 5
    turtle.right(90)                            #右转 90°，向右
    x=x-5                                        #半径减少 5
    turtle.pencolor(random.choice(['red','blue','black','pink']))
                                                #设置画笔颜色
turtle.hideturtle ()                            #隐藏画笔
```

上述代码的运行结果如图 10-1 所示。

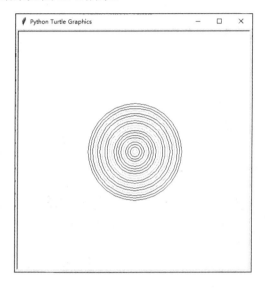

图 10-1　20 个同心圆

例 10-12　绘图 10 个相同起点的八边形，每个八边形的颜色要有变化。

【参考代码】

```
import turtle,random
turtle.setup(500,500,100,100)        #设置绘图窗口的大小和位置
edge = 8                             #设置图形为八边形
d = 0                                #turtule 的角度
k = 5                                #起始图形的边长
#循环 10 次，画出 10 个图形
for j in range(10):
    turtle.pencolor(random.choice(['red','blue','black','pink']))
                                     #随机颜色
    d=0                              #角度重新置零，准备画下一个图形
                                     #根据图形的边数控制循环的次数，循环一次画一条边
    for i in range(edge):
        turtle.fd(k)                 #画长度为 k 的边
        d+=360/edge                  #turtule 的角度数加上一定的数值
        turtle.seth(d)               #设置 turtule 的新角度
```

```
    k += 10                              #设置外层的图形边长，增加10
turtle.hideturtle()                      #隐藏 turtle
turtle.done()
```

上述代码的运行结果如图 10-2 所示。

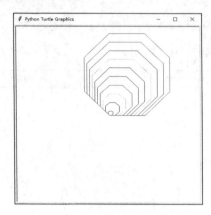

图 10-2　同起点的八边形

要注意例 10-12 中 k += 10 所在的位置，在内循环的外面，也就是执行完内循环画完一个图形后再增加边长的长度。如果把这条语句缩进，放到内循环内会画出什么图形呢？代码修改如下，这里把 k 增加的值改为 2，画出来的图形如图 10-3 所示，会画出一个螺旋八边形。继续试着修改 edge 和 k 的值，看看能画出什么图形。

```
for i in range(edge):
    turtle.fd(k)                         #画长度为 k 的边
    d+=360/edge                          #turtule 的角度数加上一定的数值
    turtle.seth(d)                       #设置 turtule 的新角度
    k += 2
```

上述代码的运行结果如图 10-3 所示。

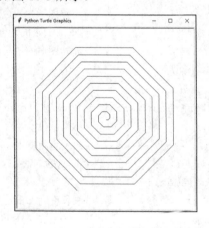

图 10-3　螺旋八边形

10.3 》第 三 方 库

第三方库不是由 Python 提供的，而是由第三方提供的扩展库，所以在使用前必须先要安装，安装后通过 import 导入才能使用。使用 pip 命令是安装第三方库的常用方法。

10.3.1　第三方库的安装过程

pip 是 Python 包管理工具，该工具提供了对 Python 包的查找、下载、安装、卸载的功能。pip 是 Python 的内置函数，需要在 Windows 环境下的命令行界面执行。安装过程如下。

第一步，按 Windows+R 组合键，打开"运行"对话框，在"运行"文本框中输入 cmd 命令，然后单击"确定"按钮，打开命令行窗口。

第二步，在命令行窗口中输入 pip 命令，格式如下。

```
pip install somepackage
```

其中，somepackage 表示需要安装的第三方库的名称。例如，若安装 wordcloud 库，则在命令行窗口中输入以下命令。

```
pip install wordcloud
```

按 Enter 键，进入安装过程，如图 10-4 所示。屏幕上出现"Successfully installed wordcloud-1.8.1"提示信息后，说明库安装成功。安装成功的第三方库和 Python 的标准库的调用方法相同。

图 10-4　wordcloud 库安装界面

由于 Python 第三方库的安装源在国外，在安装过程中经常因为网络问题出现安装不成功的情况，因此可以使用国内的镜像源来安装。

使用国内的镜像源安装时，只需要在命令行窗口中输入指令"pip install –i 源地址 库名"即可，如使用清华源安装 wordcloud，命令为"pip install -i https://pypi.tuna.tsinghua.edu.cn/simple wordcloud"。

例 10-13　利用 jieba、wordcloud 和 matplotlib 库生成词云图。

【问题分析】

jieba 是中文分词第三方库，可以将中文文本通过分词获得单个的词语。利用一个中文词库，确定汉字之间的关联概率，将汉字之间关联概率大的组成词组，形成分词结果。

wordcloud 是词云展示库，词云以词语为基本单位，更加直观和艺术地展示文本。

matplotlib 库是 Python 中的一个 2D 绘图库。在数据分析领域，它占据很重要的地位，而且具有丰富的扩展功能，结合 numpy 等能实现更强大的功能。

【参考代码】

```python
#导入jieba、wordcloud和matplotlib库
import jieba
import matplotlib.pyplot as plt
from matplotlib.image import imread
from wordcloud import WordCloud,STOPWORDS,ImageColorGenerator
#背景图片
back_color = imread("w1.jpg")
#设置字体路径
font = "C:\Windows\Fonts\simhei.ttf"
wc = WordCloud(background_color="white",       #背景颜色
        max_words=500,                    #最大词数
        mask=back_color,                  #设置背景
        max_font_size=400,                #显示字体的最大值
        stopwords=STOPWORDS,              #使用内置的屏蔽词
        font_path=font,                   #设置字体
        random_state=10,                  #设置配色数
        prefer_horizontal=0.9)            #调整词云中字体水平方向和垂直方向的比例
#打开词源的文本文件
    text=''
    with open("wordcloud.txt","r",encoding="UTF-8") as t:
        for txt in t.readlines():
            txt=txt.strip('\n')
            text+=" ".join(jieba.cut(txt))
#从背景图片生成颜色值
    image_colors = ImageColorGenerator(back_color)
#生成词云
    wc.generate_from_text(text)
    plt.imshow(wc)
#关闭坐标轴
    plt.axis("off")
    plt.show()
```

上述代码的运行结果如图 10-5 所示。

图 10-5　词云图

10.3.2　常用的第三方库介绍

Python 的第三方库有很多，按类别划分包括交互开发库、科学计算库、机器学习库、自然语言处理库、图形展示库、图像和视频处理库、网络爬虫库等。

1. 科学计算库

（1）NumPy

NumPy（numeric Python）是 Python 科学计算的基础工具包，也是 Python 进行数据计算的关键库之一，同时又是很多第三方库的依赖库。

（2）Scipy

Scipy（scientific computing tools for Python）是一组专门用于科学和工程计算不同场景的主题工具包，它提供的主要功能侧重于数学、函数等相关方面，如积分和微分方程求解等。

（3）Pandas

Pandas（Python data analysis library）是一个用于 Python 数据分析的库，它的主要作用是进行数据分析。Pandas 提供用于进行结构化数据分析的二维的表格型数据结构 DataFrame，类似于 R 语言中的数据框，能提供类似于数据库中的切片、切块、聚合、选择子集等精细化操作，为数据分析提供了便捷方法。

（4）Statsmodels

Statsmodels 是 Python 的统计建模和计量经济学工具包，包括一些描述性统计、统计模型估计和统计测试，集成了多种线性回归模型、广义线性回归模型、离散数据分布模型、时间序列分析模型、非参数估计、生存分析、主成分分析、核密度估计，以及广泛的统计测试和绘图等功能。

（5）Imblearn

Imblearn 是用于样本均衡处理的重要第三方库，它具有多种样本处理的集成模式，包括过抽样、欠抽样等。

（6）gplearn

gplearn 扩展了 scikit-learn 机器学习库，用符号回归执行遗传编程。

2. 机器学习库

（1）scikit-learn（或称 SKlearn）

scikit-learn（或称 SKlearn）是基于 Python 的机器学习库，内置监督式学习和非监督式学习两类机器学习方法，包括各种回归、K-近邻、贝叶斯、决策树、混合高斯模型、聚类、分类、流式学习、人工神经网络、集成方法等主流算法，同时支持预置数据集、数据预处理、模型选择和评估等方法，是一个非常完整的机器学习库。

（2）XGBoost、GBDT、XGBoost、LightGBM

这些都是在竞赛和工业界使用频繁且经过检验效果非常好的机器学习库，都能有效地处理分类、回归、排序问题，并且是集成类机器学习算法的典型代表。

（3）LightGBM

微软推出的梯度 boosting 框架，也使用基于学习算法的决策树，它与 XGBoost 有相同的特性，如都基于分布式的学习框架，都支持大规模数据处理和计算，都有更高的准确率。

（4）TPOT

TPOT 是 Python 自动化机器学习工具，它使用遗传编程方式优化机器学习管道（pipelines）。它通过探索不同的 pipelines 来测试效果，并自动找到最适合数据的 pipelines 方案。

（5）TensorFlow

TensorFlow 是谷歌的第二代机器学习系统，内建深度学习的扩展支持，任何能够用计算流图形来表达的计算，都可以使用 TensorFlow。

（6）Orange

Orange 通过图形化操作界面，提供交互式数据分析功能，尤其适用于分类、聚类、回归、特征选择和交叉验证工作。

（7）Theano

Theano 可执行深度学习中大规模神经网络算法的运算。

3. 自然语言处理库

（1）jieba

jieba 分词是国内的 Python 文本处理工具包，分词模式分为 3 种模式：精确模式、全模式和搜索引擎模式，支持繁体分词、自定义词典等，是非常好的 Python 中文分词解决方案。

（2）Gensim

Gensim 是一个专业的主题模型（主题模型是发掘文字中隐含主题的　种统计建模方法）Python 工具包，用来提供可扩展统计语义、分析纯文本语义结构及检索语义上类似的文档。

（3）Pattern

Pattern 是 Python 的网络挖掘模块，提供了用于网络挖掘（如网络服务、网络爬虫等）、自然语言处理（如词性标注、情感分析等）、机器学习（如向量空间模型、分类模型等）、图形化的网络分析模型。

4. 图形展示库

（1）Matplotlib

Matplotlib 是 Python 的 2D 绘图库，它以各种硬复制格式和跨平台的交互式环境生成出版质量级别的图形，开发者仅编写几行代码，便可以生成绘图、直方图、功率谱、条形图、错误图、散点图等。

（2）Pyecharts

Pyecharts 是基于百度 Echarts 的强大的可视化工具库，其提供的图形功能众多。

（3）seaborn

seaborn 在 Matplotlib 的基础上进行了更高级的 API 封装，它可以作为 Matplotlib 的补充。

（4）Plotly

Plotly 提供的图形库可以进行在线 Web 交互，并提供具有出版品质的图形，支持各种图形。

（5）TVTK

TVTK 是图形应用函数库，是专业可编程的三维可视化工具。

5. 图像和视频处理库

（1）OpenCV

OpenCV 是一个强大的图像和视频工作库。OpenCV 的设计效率很高，它以优化的 C/C++编写，库可以利用多核处理。除可以对图像进行基本处理外，还支持图像数据建模，并预制了多种图像识别引擎。

（2）Pillow

Pillow 是常用的图像输入、处理和分析的库，提供了多种数据处理、变换的操作方法和属性，其由 PIL 发展而来。

（3）scikit-image

scikit-image 支持颜色模式转换、滤镜、绘图、图像处理、特征检测等多种功能。

6. 网络爬虫及 Web 开发

（1）BeautifulSoup

BeautifulSoup 是网页数据解析和格式化处理工具，通常配合 Python 的 urllib、urllib2 等库一起使用。

（2）Requests

Requests 是网络请求库，提供多种网络请求方法，并可定义复杂的发送信息。

（3）Scapy

Scapy 是分布式爬虫框架，可用于模拟用户发送、侦听和解析，并伪装成网络报文，常用于大型网络数据爬取。

（4）Django

Django 是最流行的开源 Web 应用框架。

（5）Pyramid

Pyramid 是通用、开源的 Python Web 应用程序开发框架。

（6）Flask

Flask 是轻量级 Web 应用框架。

Python 的第三方库数量众多，这里只是简要地介绍常用的一些第三方库，详细的功能和使用方法可以参阅相关文档和帮助文件。

习　　题

1．利用 turtule 库的绘图功能画出基本图形，如三角形、长方形、正方形、菱形、平行四边形、梯形等，不同图形采用不同的颜色、不同粗细的画笔。

2．利用 turtule 库绘图，如图 10-6 所示，并在不同区域填充不同的颜色。

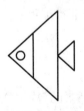

图 10-6　题 2 的图形

3．利用随机库，模拟两个骰子游戏，记录出现不同总点数的次数。分别投 100 次、1000 次、10000 次，分析哪种总点数出现的概率最多。

4．设计一个程序，实现百以内的算术练习，要求以 10 道加、减、乘、除 4 种基本算术运算的题目为一次测试；测试者根据显示的题目输入自己的答案，程序自动判断输入的答案是否正确并计算得分（百分制）。

5．设计一个倒计时的计时器，在程序中输入计时时间的分钟数。

参 考 文 献

埃里克·马瑟斯，2018. Python 编程从入门到实践[M]. 袁国忠，译. 3 版. 北京：人民邮电出版社.

蔡永铭，2019. Python 程序设计基础[M]. 北京：人民邮电出版社.

陈杰华，2018. Python 程序设计：计算思维视角[M]. 北京：清华大学出版社.

凯·霍斯特曼，兰斯·尼塞斯，2018. Python 程序设计[M]. 董付国，译. 2 版. 北京：机械工业出版社.

史巧硕，2017. C++程序设计教程[M]. 北京：中国铁道出版社.

宋天龙，2019. Python 数据分析与数据化运营[M]. 2 版. 北京：机械工业出版社.

谢乾坤，2018. Python 爬虫开发从入门到实战[M]. 北京：人民邮电出版社.

袁方，肖胜刚，齐鸿志，2018. Python 语言程序设计[M]. 北京：清华大学出版社.